《齐民要术》

单音节动词同义词研究

QIMIN YAOSHU
DANYINJIE DONGCI TONGYICI YANJIU

高　山／著

吉林文史出版社

图书在版编目（CIP）数据

《齐民要术》单音节动词同义词研究 / 高山著 . —

长春：吉林文史出版社，2018.12

ISBN 978-7-5472-5212-3

Ⅰ . ①齐… Ⅱ . ①高… Ⅲ . ①农学—中国—北魏
②《齐民要术》—古词语—研究 Ⅳ . ①S-092.392 ②H131

中国版本图书馆CIP数据核字（2018）第 292660 号

QIMINYAOSHU DANYINJIE DONGCI TONGYICI YANJIU

书　名　《齐民要术》单音节动词同义词研究

著　　者　高　山
责任编辑　高冰若
封面设计　墨创文化
出版发行　吉林文史出版社
电　　话　0431-86037507
地　　址　长春市人民大街 4646 号　邮编：130021
网　　址　www.jlws.com.cn
印　　刷　虎彩印艺股份有限公司
开　　本　787mm×960mm　1/16
印　　张　12.5
字　　数　159 千字
版　　次　2018 年 12 月第 1 版　2018 年 12 月第 1 次印刷
书　　号　ISBN 978-7-5472-5212-3
定　　价　59.00 元

作者简介

//

  高山（1978—），男，湖南衡阳人，毕业于广西师范学院中文学院，专业为语言学及应用语言学。现为广西警察学院教师，主要从事语言学、传播学方面的研究。共发表《〈齐民要术〉单音节动词同义词研究的几个特点》《新闻真实性的语言构拟》等专业论文18篇；主持厅级以上课题4项，参与课题8项，参编著作1部。

前　言

　　《齐民要术》是中古时期一部重要的农学著作，在汉语史的研究上具有不容忽视的地位。作为汉语专书研究的语料，它具有以下特点：1.成书时代比较确定，语料保存比较完整（后人对语料真伪的考证比较详细）。2.口语性强。作为一个面向平民的科普性作品，语言简洁、淳朴且接近口语。3.语料在"量"上比较充足，且覆盖面较广。

　　首先，本文以北魏贾思勰的《齐民要术》为研究蓝本，以原文中词与词的关系为依据，参照缪启愉的《齐民要术校释》，穷尽地对《齐民要术》中的单音节动词同义词进行统计分析，得出227组单音节动词同义词。我们对其中的22组进行考辨，归纳其在实际使用的义位，进而在同一义位上进行辨异。

　　其次，我们对辨析的成果进一步做动词区别特征类别的考察，主要从语义、语法和语用几个方面分析同义词之间所存的差异类型。通过与同时代专书《世说新语》的比较，总结本专书同义词的特点。另外，对本专书同义词的立义、构组的一些问题进行理论探讨，发现科技专书同义词研究的某些不同之处。提出立义从"细"，构组从"宽"和辨析的专业性和科学性的观点。

　　最后，《齐民要术》里包含有许多具有农业特色的动词，对其词汇子系统词义关系的研究发现，不同的同义词组，依据各种语义关系组成更大的同义词群，其语义不断推演共同形成严密的语义网络，组成了本专书的语义系统。我们着重以"种植农业"为例，从单音节动词同义词的角度构建出其语义系统。

关键词：齐民要术；单音节；动词；同义词；语义系统

Content Introduction

//

Qiminyaoshu was an important agricultural works in the Middle Time, which cannot be ignored in the study of Chinese history. As the linguistic materials about Chinese monograph research, it has three characteristics: 1. The time of the book writing is clear, the linguistic materials have been relatively completely preserved, and the later generation have done carefully textual research. 2. Strong oral. As a civilian−oriented works of popular science, its language is unsophisticated, simple and closes to oral. 3. The quantity of the linguistic materials is sufficient and the coverage is extensive.

Firstly, the paper, which models after *Qiminyaoshu* which was written by Jia Si−xie in BeiWei Dynasty, bases on the relationship between term and term and refers to the *Qiminyaoshujiaoyi* written by Miuqiyu, has done a comprehensive statistical analysis on the monosyllabic verb synonym in *Qiminyaoshu*. We have got 227 sets monosyllabic verb synonym. Then 22 groups synonym are carefully made philological studies to verified the concrete sememes in application, generalized the sememes. The difference of synonym of monosyllabic verb are concretely discriminated within the same sememes.

Secondly, we will do a further investigation of the distinction of the verb types about the result. It is mainly from the semantics, grammar and pragmatics to analyze the type difference between the synonyms. Through the comparison with the monograph *Shishuoxinyu* in the same period, we summarize the synonym characteristics of the book. Additionally, we find the some difference of synonym research of technology monograph through the discussion of established sememes and construction groups in this book. We put forward that sets up sememes should be particularity and construction group should be broad, professional and scientific viewpoint.

Finally, *Qiminyaoshu* contents a lot of agriculture glossary. Through the study about its subsystem of the vocabulary, we can find that different synonym set composes larger synonym groups according to various semantic relationships. Its semantics has formed a tight semantic net with the evolution of the meaning, which has composed the semantic system of this book. We mainly use the growing agriculture as the example, from the angle of monosyllabic verbs to form its semantic system.

Key word: Qiminyaoshu; Monosyllable; Verb; Synonym; semantic system

目 录

第 1 章　绪　论

1.1 选题缘起

1.1.1 中古汉语研究的重要性

关于汉语史的分期，王力先生认为："一般词汇不是划分的主要标准，应以语法为主要根据。汉语史可分为四个时期：上古、中古、近代和现代，其中公元四世纪到十二世纪是中古期。"[1]吕叔湘先生则说："以语法和词汇而论，秦汉以前的是古代汉语，宋元以后的是近代汉语，这是没有问题的。从三国到唐末，这七百年该怎么划分？这个时期的口语肯定跟秦汉以前有很大差别，但是由于书面语的保守性，口语成分只能在这里那里露个一鳞半爪，要到晚唐五代才在传统文字之外另有口语成分占上风的文字出现。"[2]吕叔湘先生用书面语和口语之间的关系，大致描写了中古汉语在汉语史上的特点。书面语在汉朝以后一直处于一种"冰冻"的状态，与实际使用的口语发生了脱离，直到晚唐时期白话作品大量出现，才有所改观。太田辰夫认为："中古时期是古代汉语的质变期。"[3]语言的发展是个渐变的过程，从量变到质变应该有一个过渡阶段。要了解汉语发展的规律，中古汉语是个十分特殊、十分重要的时期，在连接和理解上古汉语和近代汉语上不可回避。中古内部的分期界限是不明显的，我们通常把东汉和隋唐看作中古的过渡，魏晋南北朝才是比较典型的中古时期。王云路先生："中古汉语主要指汉魏六朝时期的文献语言，中古汉语以其口语化的特色在汉语史研究中具有承上启下的重要地位。"[4]

相对于其他时期来说，中古汉语的研究相对薄弱，这种断代研究的不平衡对整个汉语史的研究来说是不利的。中古汉语的研究集中在那些口语性较强的文献上，主要包括：《世说新语》《论衡》《颜氏家训》和一些佛教、道教文献。事实上也出现了一些断代的研究成果，如：《佛典与中古汉语词汇研究》《魏晋南北朝词语汇释》《汉语词汇史》。还有对于音韵、语法的研究，成果有：《魏晋南北朝韵部演变研究》《魏晋南北朝历史语法》《魏晋南北朝量词研究》。不过这些研究比较零散，也没有系统的中古汉语的研究理论来支撑。我们只对少量的中古汉语的语料进行了一定的研究，集中在一些口语性强，校勘整理的善本上，对那些零散的、专门类的语料和所谓的研究价值相对较少的文献还没有涉及。就算是一些语料价值较高的专书，我们研究得也不够。汪维辉认为："目前仅限于《世说新语》《颜氏家训》《抱朴子》等少数几种。像《齐民要术》这样口语化程度很高的著作，虽然早就有学者指出过它的语料价值，但迄今仍停留在一般引用的阶段，专就此书语言进行研究的成果很少。"[5]

1.1.2《齐民要术》及研究价值

《齐民要术》（以下简称《要术》）是北魏贾思勰所著的一本农学全书，全书内容广博，农、林、牧、副、渔无所不包。作者贾思勰，山东益都人，对农业生产十分关心和熟悉，如他在书中写的那样："采捃经传，爰及歌谣，询之老成，验之行事"（缪启愉，农业出版社，1982 年第一版《齐民要术教释》），在对古人农学资料的收集和劳动者经验的总结以及亲身的实践与观察下写成的《要术》，基本反映了我国黄河中下游地区劳动人民的农业水平，是世界农业史上最杰出的农学著作之一。

关于作者之事，历来的记载并不多见，只有《要术》题记为"后魏高阳太守贾思勰撰"。栾调甫考之为北魏彭城王元勰之侍郎贾思同，贾思勰避讳而改名为贾思同。而对于高阳太守之说，北魏有河北、山东两个高阳郡，今天我们已经很难确认到底是哪一个。不过作者的足迹遍布了河北、山东、山西及其他的黄河中下游地区倒是事实。[6]

《要术》的成书年代，大家的看法也不尽一致。缪启愉定于公元 530—540 年，栾调甫认为是公元 526—538 年。在对作者不可定考的情况下，只有书内的证据可信，主要有两条：（1）"杜葛之乱后"，"连年饥荒，数州之内，民死而生者，干椹之力也（种桑、柘第四十五/231）。"杜葛之乱在魏孝庄帝建义元年（528）失败，此后到 534 年后魏分裂，败兵还继续骚扰百姓。《要术》的写作时间应推迟到 528 年之后。（2）西兖州刺史刘仁之在洛阳试种区田，收成很高（卷一·种谷 50），刘仁之 534 年以后出任西兖州刺史，东魏武定二年（544）卒，成书时间应晚于 534 年。[7] 但是这两条都不能确切地判断具体年份，贾思勰可能是在 528 年以后，也可能在 534 年以后才进行写作的，至于成书年代更不可考，我们不知道是刘仁之死了多少年后《要术》才写成。所以我们还是以缪启愉先生定的 530—540 年为准。

《要术》写成以后，在流传和辗转的翻印、传抄过程中出现了很多的版本，当然也出现了一些错字、脱文、衍文、加添等现象。其主要版本有：崇文院刻本（存五、八两卷）这是宋代颁刻的官书校刻，较精；明抄南宋本是唯一完整不缺的宋本，利用价值较高；明清从湖湘刻本开始出现一些错乱，但是清代后期也开始了校勘的工作，吾点 1821 年校的稿本比较出色。经过这些人的努力，到了现代又出现了几个好的整理本：石声汉《〈齐民要术〉今释》，四册，1958 年 6 月，科学出版社出版；缪启愉《〈齐民要术〉校释》，精装一册，1982 年 11 月，农业出版社出版。其中以《〈齐民要术〉校释》校点最为精到、为大家所肯定，我们以此为底本进行研究。[①]

《要术》的口语性很强。从题目来看"齐民"就是"平民"，表明它是对普通老百姓写的一部书。贾思勰在序言中写道："鄙意晓示家童，未敢闻之有识，故丁宁周至，言提其耳，每事指斥，不尚浮辞。览者无或嗤焉。"而书中也确实像他自己说的那样，语言平实简洁，记录了当时大量的口语词汇。王云路说：比如北魏时期的代表作《齐民要术》就有十分丰富的口语方言，记录了当时活的语言，弥足珍贵。卷九《作腥、奥、糟、苞》："以两小板挟之，急束两头，悬井水中。经一日许，方得。""得"犹言"可以""成"，至今仍是俗语词；"急"是"紧"的意思。[8]全书还有大量的谚语、俗语、歌谣，也是十分重要的口语材料。这部文献著作作为研究魏晋南北朝语言的语料，很多人已经认识到它的重要性，像近年来程志兵、汪维辉先后对《要术》进行立项研究就说明了这一点。

作为研究语料，《要术》还具有量足，覆盖面广的特点。《要术》全书共10卷92篇，有140109个字（根据《齐民要术教释》第二版，以电脑统计字数。包括《杂说》、颜师古的注文和引用前人的文献。[②]）如果除去引用的文献，还有近10万字（杨九龙统计《要术》引用其他文献的字数总计达到42605）[9]，应该符合专书语料研究在"量"上的要求。《要术》内容涵盖农、林、牧、副、渔多个方面，是农学的百科全书。其词汇上专业性与通用性紧密结合，使得《要术》的词汇研究在与同时期其他文献进行对比时，突出科技文献专书研究的某些特点，得出具有说服力的结论，为其他科技文献的词汇研究提供语料。另外，《要术》在自序中说"询之老成，验之行事"，文中大量引用了古代文献，这一部分的语料应该作区别性对待。就其单篇体例来说，每篇开头引古书作小字夹注，为名词的解释和产地品种等；接着为

---

① 本来应该有两个本子相互参证，但是由于时间关系来不及时做这个细致的工作。

② 统计所用的电子文档来自朱氏语料库，由朱冠明收集整理。

贾氏的大字正文，其中夹杂的小字夹注，然后引用古书上有关栽培法之类的文字[①]。梁家勉先生曾指出《齐民要术》的附注可以分为四种类型："第一类型属于训诂性质""第二类型属于校雠性质，专校勘文字""第三类型是补足或引伸或具体证明正文意思""第四类型是正文仅列标题，其说明语全部以双行小字即注文形式表达"。这样看第三、四种类型的附注出自贾氏之手，其他两种类型各有其作者，不必是出自贾氏自注。但其援引的古代文献有些是从属于中古语言系统的，如《异物志》和代表南方语料特点的《食经》《周氏冥通记》等[②]。另外，关于《要术》卷前杂说到底是不是贾思勰所作的问题，近代学者多有论述，在次暂时搁置争议，归于研究语料。有人说《要术》有一半不是贾思勰所作，但除了明确的古代校勘和训诂部分以外，其他部分均可视为从属于贾思勰语言体系。对语料处理从宽，可能带来对中古语言断代研究的某些混乱，但在未有定论的情况下做此处理，在一定程度上保留了同义词研究语义在专书研究的封闭性。

《要术》是中古时期一部重要农学著作，在汉语史的研究上具有不可忽视的地位。其语料具有以下特点：（1）成书时代比较确定，语料保存比较完整（后人对语料真伪的考证比较详细）。（2）口语性强。《齐民要术》作为一个面向平民的科普性作品，语言简单、淳朴接近口语。（3）语料在"量"上比较充足，且在农学这种科技类专书研究中覆盖面较广。我们认为《要术》能够作为中古汉语专书研究的对象进行研究。专书同义词研究对某一断代的同义词系统做相对封闭或完全封闭的考察，从共时的角度揭示同义词语之间在某一个共同义位的条件下所存在的种种差异，可以更深入、科学地认识词语的相同点和不同之处。《〈齐民要术〉单音节动词同义词研究》一书也正是以此

---

① 来自何科《齐民要术同义词研究》，四川大学硕士论文，2012 年。

② 王维辉《六世纪汉语词汇的南北差异—以齐民要术与周氏冥通记为例》发表于 2007 年《中国语文》

为出发点，对中古汉语的农业类科技专书《要术》做一定的探索。

1.2 本课题的研究状况

1.2.1 中古汉语词汇研究状况

对中古汉语的研究主要集中在词汇上，语音、语法上取得的成果较少。蒋礼鸿认为"中古汉语与'上古汉语'有其不同的地方，那就是它的语汇的口语化。这个口语化的现象表现在汉译佛经、小说、书简等方面。因为书简（如二王的'杂帖'）称心而谈，不借藻饰；佛经译语和小说则要适应一般市民的领受能力，需要采用通俗的语言，这都是很自然的。即使如此，有些高文典册如'正史'当中，也渗透一些通俗的成分，足资印证"。[10] 因为中古汉语的这个特点，近年来的词汇研究主要是围绕这些新出现的方言俗语，新词新义等词义方面，对词汇与语音、语法之间相互关系的研究较少。

词汇研究又集中在佛经和少数几部专书上。如朱庆之《佛典与中古汉语词汇研究》（文津出版社，1992 年），梁晓虹《佛教词语的构造与汉语词汇的发展》（北京语言学院出版社，1994 年），胡敕瑞《〈论衡〉与东汉佛经比较研究》（巴蜀书社，2002），《六度集经同义词研究》（徐盛芳，吉林大学出版社，2006）关注的是佛教对中古汉语影响。对《世说新语》一类专书的研究：余嘉锡《〈世说新语〉笺疏》，吴金华《〈世说新语〉考释》（安徽教育出版社，1995），《〈世说新语〉中实义动词同义现象研究》（高钰京，河北师范大学硕士学位论文 2005）等。也还有一些总结性的词汇著作：张万起《〈世说新语〉词典》（商务印书馆，1993），张永言《〈世说新语〉辞典》（四川人民出版社，1992）。另外，《〈颜氏家训〉反义词研究》（邱峰，曲阜师范大学硕士学位论文 2006），《〈颜氏家训〉连词研究》（陈榴，辽宁师范大学硕士学位论文，2006），《〈抱朴子〉内篇词汇研究》（成妍，南京师范大学硕士学位论文，2005），《〈搜神记〉名词同义词研究》（吴冬，长春理工大学硕士学位论文，2006），《〈宋书〉复音词中的古语词》（万久富、王芳，南通大学学报 2003）。也还有一些常用词和复音词的研究。但是总体说来，研究的范围较窄，还有很多的工作可以去做。史光辉说："我们应把东汉至隋朝各个时期有代表性的语料提出来，整理成一本全面地反映中古汉语的有代表性的语料汇编之类的著作，这就需要我们对中古各个时期语料逐一进行考察、研究。"[11]

1.2.2 中古汉语同义词研究状况

中古汉语同义词研究从属于中古汉语词汇研究。把同义词作为明确的研究对象进行研究的时间并不长，在理论和实践上的分析和研究是 50 年前的事情。王力 1958 年主编的《古代汉语》在常用词部分开古代汉语同义词辨析的先河，另外，王凤阳《古辞辨》也是早期的一个突出成果。到了 20 世纪 80 年代同义词研究重新兴旺起来，赵克勤著《古汉语词汇概要》设专章研究同义词（浙江教育出版社，1987），通论古汉语同义词还有洪诚玉、方桂珍的《古汉语同义词辨析》（浙江教育出版社，1987 年），黄金贵的《古代汉语同义词辨释论》（上海古籍出版社，2002 年）。古汉语同义词的研究走着一条从实践再到理论的道路，研究者重视古汉语与现代汉语不同之处，提出了适应古汉语同义词研究的一系列理论。郑振峰，李冬鸽（2005）的《关于古汉语同义词研究的几个问题》对同义词的界定、古汉语同义词的确定和古汉语同义词的辨析等具体问题进行了思考。同样的还有杨运庚（2010）《古代汉语同义词研究对同义关系的再界定》。

专书同义词研究起步更晚。大致分成两类，一是对语言学专书的同义词研究：苏新春的《〈尔雅·释话〉同义词词义特点考察》，冯蒸的《说文同义词研究》，钟明立的《〈段注〉在同义词研究上的继承和发展》。另一类是对某一时代代表性的文献：张双隶《〈吕氏春秋〉词汇研究》（山东教育出版社，1989）对其中的 472 组同义词进行分析，毛远明《〈左传〉词汇研究》（西南师范大学出版社，1999）对 509 组同义词辨析，还有池昌海的《〈史记〉同义词研究》（浙江大学博士论文，1999），周文德《〈孟子〉同义词研究》（四川大学博士学位论文，2002），钟明立《〈段注〉同义词研究》（巴蜀书社，2003）等。另外也有一些散见的论文，据黄金贵统计自 1978 年以来有 150 篇以上，专著超过 15 部。[12] 而其中专书"单音节词"的研究也不在少数。如侯桂英（2009）《孟子单音节动词同义词研究》、周文德（2002）《孟子单音节实词同义词研究》、李湘（2006）《汉书单音节动词同义词研究》。另外还有对专书研究的理论性研究。如王伟彤（2008）《古汉语同义词专书研究和一般性研究的区别》。

中古同义词专书研究的范围较少，只对极少数口语性强的著作进行研究：魏达纯的《〈颜氏家训〉中的并列同义（近义、类义）词语研究》，吴冬的《〈搜神记〉名词同义词研究》，徐正考的《〈论衡〉同义词辨析》，徐盛芳的《〈六度集经〉同义词研究》，高钰京的《〈世说新语〉中实义动词同义现象研究》等。

1.2.3《齐民要术》词汇研究状况

对《齐民要术》的关于语言、词汇方面的研究很多，但比较零散。如：程志兵《〈齐民要术〉与汉语词汇史研究》对《要术》的词汇研究价值进行了肯定。柳士镇、汪维辉、阚绪良《〈齐民要术〉卷前〈杂说〉非贾氏所作新证》对语料的考辨，贺芳芳《〈齐民要术〉量词研究》与李小平《〈齐民要术〉数量表示法》对量词研究，张舸《〈齐民要术〉双音节词在汉语史上的承传》和史光辉《〈齐民要术〉偏正复音词初探》对复音词的研究，阚绪良《〈齐民要术〉词语札记》和程志兵《〈齐民要术〉中所见词源举隅》关于具体词语的辨识释。还有农业词汇方面的,宿爱云《〈齐民要术〉农作物名物词研究》,化振红《〈齐民要术〉农业词语扩散层次分析》。还有些比较研究:蒋绍愚《〈世说新语〉〈齐民要术〉〈洛阳伽蓝记〉〈贤愚经〉〈百喻经〉中的"已""竟""讫""毕"》,毛丽娜《〈世说新语〉与〈齐民要术〉副词比较研究》。2005 年汪维辉申请了一个重要课题"《齐民要术》词汇语法研究",他比较全面地对《齐民要术》进行研究,特别是对《齐民要术》的语料的鉴别和考辨,新词新义,南、北方言的比较做了很多工作。但是该书并没有将同义词作为重点对象。其他的如:张舸《〈齐民要术〉双音节词在汉语史中的承传》,刘义婧《〈齐民要术〉农业生产类动词研究》。对《要术》同义词研究的主要有:何科(2012)《〈齐民要术〉同义词研究》,选取了动词性同义词 92组并对其中 4 组进行了详细的辨析。另外散见的论文如夏侯轩、谭红的《〈齐民要术〉单音节动词同义词所构建的语义系统》和本人《〈齐民要术〉单音节动词同义词研究的几个特点》等。

1.3 专书同义词研究的几个基本问题

1.3.1 同义词的界定

学术界对于"什么是同义词"的认识有一个比较漫长,逐渐深化的过程。基本可以表达成下表(表 1–1)。

同义词的定义		代表人物	认识层次
词义相近		周祖谟、洪成玉、王政白	词
概念相同		石安石、张永言	概念
对象相同		刘叔新、王勤、武占坤	事物
义位相同	一义相同	王力、黄金贵	义位
	一义或多义相同	蒋绍愚、赵克勤、符淮青	
义项的主要义素相同		钱乃荣	义素

我们认为，同义词研究是建立在"词"的基础之上的，对于异体字、古今字、通假字这些"字"层面上的关系应该首先加以排除。学术界对同义标准的认识有一个发展过程，从"词"与"词"之间的整体相近（词与词之间而不是义与义之间），向词所表达的概念，词对应的对象的相同发展。时至今日，大家都基本上接受了以至少一个"义位"相同为判断标准。

同义词是一种语言一定时期内在词汇层面上语义关系的集中体现。古汉语同义词的研究首先要确定语料的共时性，这是古汉语研究跟现代汉语不同的地方。在一本专书里对于可以确定其为同时代的语料，由于时间有限，我们一般不作地域方言之间的区分。

在一个义位相同的情况下，对于语音相近的词，我们一般认为是同源词。王力先生曾说："音义皆近的同义词，在原始时代本属一词"[13]，但是并不是所有有音相近关系的都是同源词，同义词也可以偶尔在语音上有相近的关系。周文德在这个方面把同义词分成同源同义词和非同源同义词两类，[14]这也就是王宁先生所谓的广义同义词和狭义同义词的分别。专书研究中，这种偶然现象是存在的，理论上我们只研究非同源的同义词。至于同义词的词性问题，历来的争论也不少，我们倾向词性的一致。

我们接受黄金贵先生的看法，认为在古汉语某个共时层面的某一种语言中，同义词是按一个义位（词义）系统横向聚合的词群。[15]同义词在词性上应该相同，在语音上应该不同。

1.3.2 同义词的确定方法

有了"什么是同义词"的指导思想，那么接下来就是在实践中如何确认同义词。我们用什么方式认定同义词，直接关系到对同义词定义的贯彻，以及确认的同义词与专书语言义实际的实现情况是否相符。

古汉语同义词的确认方法主要有以下几种：1.洪成玉："一般说，属下列情况之一的，都可以认为是古汉语中的同义词：（1）互训，（2）同训，（3）同义递训，（4）互文，（5）异文。"[16]2.王宁在《训诂学原理》中列举了可以证明词的同义关系的四种材料："义训、互言、对言、连言"。（这是几种比较可靠的直接能够利用的方法）3.徐正考的"系联法"：根据文义，将对文同义者或同一上下文中同义异辞者系联为一个同义词组；在此基础上兼用"参照法"：参照古训及有关研究成果，进一步确认系联到一起的词的同义关系，并进一步扩大同义词组的范围。[17]4.周文德认为：从经典文献原文中找依据，确定专书语词同义关系的最直接、最可靠的依据是专书原文。这是本证。利用训诂材料对从经典文献原文中考察出的同义词进行验证。这是他证。本证是立论的基础，他证是对立论的进一步验证，彼此证发。[18]这几种方法都有优缺点①：如表1-2所示。

确认材料的关系	确认方法	缺点
原文与训诂材料简单利用	洪成玉"互训、同训、同义递训、互文、异文"	具体操作有很多例外
	王宁"义训、互言、对言、连言"	比较严谨，但收录范围较窄
训诂材料和原文的互证	徐正考"系联法""参照法"	先紧后松，一些非异辞、对文者难以得到互证
	周文德"双重印证法"	并不是所有的语感都有古训的验证

比较起来，还是周文德的方法比较适用于专书研究。对经典原文的研读，在一个相对封闭的语言系统中，"经典原文已经通过字词的相互关系对每个字词的意义与用法作了准确而显白的注释"。"[19]专书由于篇幅的限制，可能没有太多的训诂材料以义训、互言、对言、连言的形式来直接构组，上下文的特殊语境成了我们处理第一手材料的最有效的"内证"依靠。初次构组后

---

① 前面两种方法主要用于泛时研究。专书研究具有封闭性，其语料在"量"上较少，没有其他同时代文献使用情况和训诂材料的参考，对进入"构组"的成员很难作一个正确判别。

再取得"他证"，包括对原文的训诂和同时代的语料参照，最终确认同义词。本文以对《要术》的反复研读为中心，结合缪启愉、石声汉等人的校释，以《要术》的具体使用为主要依据，从语境出发确定同义词的义项。同时，适当考虑本专书的专业性，以保留农业特色词汇为第二目的。

1.3.3 同义词的辨析方法

同义词的辨析是对构组成员进行识同和辨异的过程。辨析主要是辨异，辨异需要一定的方法，一般说来主要是从三个角度进行辨析的：语义角度、语法角度、语用角度。简单陈述如下表 1-3。

辨析层面	辨析对象	辨析点		
语义	物品	内质、形体、用途、部位	侧重、原因	范围
	动作	方式、速度、对象、施事		
	性状	程度		
语法	句法	单独作句子成分，作什么成分，搭配关系		
	词法	构词能力		
语用	色彩	感情色彩		
	语体	方言、书面语、口语		

辨析的三个方面以词语的理性意义为重点，在至少一个义位相同的构组条件下，辨析以词的义位为准，不在整个词与词之间进行。当然也会涉及词的附属性质和逻辑层面，它们是跟这个义位相关的。相同义位上的差异分析既有语义上的不同，也有语法、语用上的不同。本文以语义的辨析为主，着重考察同一义位上动作的差异。至于语法和语用的辨析则较为简略，因为语义聚合内部的差异，最主要的还是概念上、文化上的差异而不在用法上（语法、语用）。以原文的用例为依据，参照《说文解字》和相关的训诂成果，只在本书的范围内作共时静态的辨析。（当然，由于《要术》动词辨析的特殊性

和专业性，应该参照其他农业科技类的成果。）我们是以本书中"实现义"为辨析基础，对本书没出现的义项不做理会。

1.4《齐民要术》单音节动词同义词研究的几点说明

1.4.1 研究的方法及目的

《要术》的单音节同义词研究属于中古时期的词汇专书研究，由于专书研究的语料比较有限，很难得出一些具有时代意义的理论成果。不过《要术》词汇的本身就是个系统性的有机整体，如果采用了一些适当的方法，在本书系统内对动词同义词的研究，还是能做一些基础的语料统计和整理工作的。为了达到这个目标，本文主要采用以下的研究方法：

（1）定量分析与定性分析相结合：对《齐民要术》中的单音节动词同义词组进行穷尽式地统计，利用统计出来的数据支持自己的观点，即用定性——定量——定性循环法为汉语词汇理论提供数字上的说明。

（2）个案分析法：选取典型的单音节同义词组（出现频率较高的、能代表本系统特点的同义词组），运用现代语言学理论对其进行个案分析，以点带面，揭示《齐民要术》单音节动词同义词体系的面貌和词汇的发展情况。

（3）比较研究法：把从《齐民要术》中提取的单音节同义词组与中古时期《世说新语》的单音节动词同义词组进行横向比较，说明《齐民要术》作为科技文献其单音节动词同义词的某些特点。

本课题以北魏贾思勰的《齐民要术》为研究蓝本，以《齐民要术》原文中词与词的关系为依据，参照缪启愉的《齐民要术校释》（下文简称《校释》），穷尽式的对《齐民要术》里的单音节动词同义词进行统计分析，归纳其同义词的特点。在进行构组、辨异的同时，探讨科技文献词汇研究的几个特点，并从单音节动词同义词相互系联的角度，对本书农业语义系统进行了描写。具体表现在以下几点：

（1）求同。根据同义词的确认办法，完成本书225组同义词的构组。

（2）辨异。从语义、语法、语用三个方面对其中的9组同义词进行具体的辨析。

（3）单音节动词同义词的差异分析。对辨析的结果进行总结，得出10种在语义、语法、语用上的差异。

（4）与《世说新语》进行比较，寻求《要术》单音节动词同义词的特点，并且探讨科技类专书同义词研究的某些特点。

（5）从单音节动词同义词组之间的语义关系出发，揭示本书语义系统的严密性，并以农业类为代表构建其在单音节动词同义词上体现出来的语义网络。

1.4.2 语料的取舍

《要术》语言内部具有非常大的差异性。胡震亨曾说："此特农家书耳，又身是北佬，乃援引史传、杂记不下百余种，方言奇字难复尽通，腹中似有千卷书。"而其中的引文情况也十分复杂，当代、前代，南方、北方都有，全引和改引的也有。原则上，我们在处理它们时不区分南北的地域差别，只对于当代的、改引的给与承认。

《要术》中还有大量的注文（解题、夹注、难字的音义之训等）。但根据前人考证："思勰序不言作注，亦不云有音，今本句下之注有似自作，然多引及颜师古着"[20]，在贾思勰那个时代有很多人为自己的作品作注，但是由于时代远久，不可避免加入一些后人的东西。清代人谭廷献《复堂日记》云："献案：贾氏自注为多，其录《汉书》注及音释则后人傅益矣。"对此，我们采用汪维辉的观点："对于注文，本文支持谨慎态度，遇见可疑之处，一般不作为立论的依据"[21]。把卷前《杂说》，卷二"青稞条"，不常见字的注音、解释及引《汉书》正文下面出现的唐代颜师古所作的注，都不考虑在同义词的收录之内。另外，一些方言性较强的词汇考虑其同在一个大的语言系统，不予特别排除。引录的古文献一般不加以收录[①]，但如果涉及农业特色词汇适当给予保留。

1.4.3 单音节的成词判别方法

单音节词研究，要注意词与字（不成词语素）的区分。也就是说保证你切分出来的一个音节是个单音词而不是复音词的一个"构素"。单音节成词与否是取决于《要术》这个系统本身，我们主要以专书中某"字"的全部使用情况为判断依据。如果一个复音词的结合不是那么紧密，甚至能够互换位置，那么就把构词语素认为是独立的单音节词。比如说："栽种"，我们看它在"栽"这个义位上还有单用的实例没有，如果有则判断"栽种"为单音节连用。另一种情况是某字的单用跟合用情况并存，如何判断合用的用例是复音词还是单音词。这主要看单用跟合用时语义是否发生了变化，如果有大的变化则已经双音化了，如："消化"的一个语素"化"没有"溶解"义位的单用，所以是双音词。

另一方面，同义关系的单音节动词成员之间，在一般情况下一个字就是一个单音词。也有时字与词之间的关系呈现出对应的复杂性，字与词的不一致还是存在的（一词多字，一字多词）。异体字和通假字以本字为准，（同时标出本字）例如在"除草"的义位上，"耘"与"芸"在原文中都出现了，但它们之间的关系只是通假字的关系，而不是同义关系，因为它们记录的是同一个义位，以"耘"出现。还有就是同源词、通假字的排除。

---

① 文献语料使用的区分见前文。主要做法为：同代或者属于中古汉语体系的、甚至部分古代文献尚为贾思勰时代所通用的语料都当成同义词构组的来源。

1.4.4 动词词性判别方法

汉语动词有广义和狭义的两种观点：广义的动词将动词、形容词、介词放在动词的大类里（如丁声树《现代汉语语法讲话》）。另一种是狭义的动词，这是一种区分形容词和介词的实词词类。我们使用的是狭义的动词观，那么只要区分介词和形容词就可以了。

对动词词性的认识以语法功能为主。我们接受朱德熙的理论："凡不受'很'修饰或能带宾语的谓词是动词"反之则是形容词。能用"×不×"提问的动词，不能的是介词。"语法不是修辞学，它只管虚字的用法，一般有实在意义的词用得对不对，例如'喝饭'的'喝'，它是不管的"[22]对于语义我们一般不予理会。对于动词和名词的兼类情况，我们当作动词对待。具体判断这类兼类词以刘顺的"能够加物量词的修饰"我们当作是名词。"不能加物量词，但能加动量词，也可作主宾语"[23]我们当作是动词。

1.4.5 关于穷尽的问题

专书同义词研究，是在一个封闭系统内进行研究，那么从理论上说，必须将专书中的所有同义词组以及每个同义词组中的所有成员归纳出来，并将之作为研究对象。研究中古汉语专书同义词，理想状态也是"穷尽"，但由于确定同义词的个人标准不一、操作方法各异、研究者对专书的的熟悉程度不一等各种因素的存在，实际上很难做到"穷尽"，因此，我们也只能根据自己的标准、方法尽自己的努力，尽量做到"穷尽"而已。

单音节动词同义词研究，排除了双音节和多音节词入组，在一定程度上影响了完整地"通过同义词构组反映专书语言（特别是语义）体系"的研究目的。但在《要术》这本农学类专书的同义词研究里，只选用单音节也是基于一定的原因。中古是汉语从单音节词向双音节词转化发展的一个重要阶段，单音节词在此时还占着统治地位，从构组的情况来看仅研究单音节词也能基本反映《要术》的语言体系。一些进入构组的"多音节词"，其中一些双音节词是同义词连用，另一些"双音节词"其词的特征尚不明确，可能还属于短语性质不好判断①。本研究单音节动词研究没有做到对动词同义词语义场的穷尽描述，由于时间和研究水平欠缺的问题②，现只在具体辨析的各组（20组）里涉及多音节词语的时候对其增添补正，颇为遗憾。

---

　　① 比对本研究跟何科《齐民要术同义词研究》成果发现，其构组的92组动词类同义词出现的多音节词能够反映出中国汉语单、多音节共存与变化发展的情况，更能说明问题。但从另外一个角度讲，去掉其多音节词也能反映整体性问题。如割、劋、刈、劋刈、芟、艾（割断）组的"劋刈"和舒、展、舒展、申舒（舒展、展开）组的"舒展"与"申舒"。

　　② 另外，科技类专书研究特别是农业技术类词语的词义区分比较细，根据我们立义从细、构组从宽的原则，中古多音节词一般语义较之单音节词表述得更具体，从而影响构组时的标准把握和取舍。

第2章 《齐民要术》单音节动词同义词的确定与辨析

///

2.1《齐民要术》单音节动词同义词的概况

　　根据我们对同义词的认识和认定办法，对《要术》一书进行全面的阅读和考释，归纳出226组单音节动词同义词。如下：

二字一组（84组）：

　　1. 裹－茹（包裹）

　　2. 乘－因（乘机）

　　3. 锄－劚（锄地松土）

　　4. 茹－饮（喝）

　　5. 触－动（触动）

　　6. 耐－忍（忍受）

　　7. 教－授（教导）

　　8. 蔓－延（蔓延）

　　9. 淀－澄（沉淀）

　　10. 敷－上（敷）

　　11. 即－成（完成）

12. 缺－阙（空缺）

13. 舍－止（停止）

14. 荡－流（流）

15. 脱－打（脱粒）

16. 突－觚（以角顶）

17. 死－丧（死亡）

18. 帅－舂（舂谷）

19. 擿－削（削）

20. 停－歇（停下来）

21. 振－撼（摇动）

22. 湿－润（浸润）

23. 倾－倒（倒）

24. 彻－分（分派）

25. 淹－没（淹没）

26. 塞－茹（填塞）

27. 嗤－笑（笑）

28. 茹－饮（喝）

29. 遗－留（留）

30. 灌－装（装入）

31. 耰－耧（覆种）

32. 裂－绽（绽开）

33. 剪－铰（剪）

34. 罗－筛（筛）

35. 减－克（减少）

36. 成－熟（成熟）

37. 呛－哕（呛住）

38. 负－荷（背负）

39. 剔－犍（阉割）

40. 看－赀（估量）

41. 休－息（休息）

42. 偃－伏（伏倒）

43. 费－损（浪费）

44. 调－合（调制）

45. 遵－循（遵守）

46. 蕃－殖（繁殖）

47. 并（屏）－弃（抛弃）

48. 合－并（合并）

49. 谨－切（切）

50. 失－遗（遗失）

51. 扫－拂（扫）

52. 换－博（换取）

53. 寻－沿（顺着）

54. 露－仰（敞露）

55. 染－着（沾染）

56. 拟－欲（准备）

57. 起－隆（膨胀）

58. 趋－趣（遵循）

59. 挽－曳（拉）

60. 无－亡（没有）

61. 禁－忌（忌讳）

62. 裂－撕（撕开）

63. 葺－修（修理）

64. 营－转（再耕）

65. 捩－折（折断）

66. 效－学（仿效）

67. 祈－祷（祈祷）

68. 登－上（向上升）

69. 培－封（培土）

70. 产－出（产出）

71. 对－答（回答）

72. 去－离（离开）

73. 记－载（记录）

74. 装－载（装）

75. 立－竖（立起）

76. 存－问（慰问）

77. 建－立（建立）

78. 修－筑（营造）

79. 养－育（培育）

80. 胜－过（胜过）

81. 听－从（听从）

82. 偷－窃（偷窃）

83. 埋－葬（埋葬）

84. 出－跳（冒出）

三字一组（71组）：

85.耨－耘（芸）－芟（除草）

86.杀－消－销（消融）

87.灭－绝－除（消灭）

88.禁－受－稟（禁受）

89.炙－炮（炰）－弗（炙烤）

90.避－免－除（免去）

91.知－识－解（了解）

92.压（押）－抑－按（按压）

93.敕－整－治（治理）

94.收－获－刈（收割）

95.墐－涂－糊（涂塞）

96.挛－缩－皱（收缩）

97.佩－带－戴（戴）

98.荐－祭－祀（祭祀祖先）

99.解－溶－散（溶解）

100.析－缉－绩（把麻析成细缕捻接起来）

101.督－课－趣（督察）

102.齿－咬－啮（咬）

103.反－转－背（转过）

104.均－约－节（约束）

105.缘－沿－循（顺着）

106.迁－移－徙（迁徙）

107.承－装－盛（盛）

108. 掘－斸（劚）－掊（挖掘）

109. 生－发－燃（生火）

110. 辫－编－织（编织）

111. 抽－轧－拔（拔掉）

112. 蒸－馏－焤（蒸）

113. 弢（韬）－隐－藏（隐藏）

114. 合－枯－萎（枯萎）

115. 菑－垦－辟（开垦）

116. 投－下－掷（投）

117. 候－待－俟（等待）

118. 傍－依－倚（倚靠）

119. 赍－持－操（持）

120. 合－宜－适（合适）

121. 传－饷－送（赠送）

122. 驱－赶－逐（驱赶）

123. 对－临－面（面对）

124. 沉－没－沈（沉没）

125. 借－贷－假（借）

126. 会－合－聚（汇合）

127. 登－成－熟（成熟）

128. 去－出－除（除去）

129. 经－过－度（从此处转移至别处）

130. 比－及－逮（比得上）

131. 辨－别－识（辨别）

132. 择－选－简（选择）

133.称－呼－谓（说的是）

134.易－动－变（变动）

135.籴－买－市（买）

136.芟－拔－薅（拔草）

137.撰－写－作（写作）

138.滤－漉－济（沛）（过滤）

139.落－下－零（凋零）

140.作－兴－起（兴起）

141.捋－摘－采（采）

142.挼－揉－蹉（搓揉）

143.捻－捏－挼（捏）

144.击－打－扑（击打）

145.蓄（畜）－养－种（养殖）

146.生－长－科（生长）

147.喜－爱－好（喜爱）

148.停－顿－住（停顿）

149.涂－摩－摸（涂抹）

150.致－使－遣（使）

151.屈－曲－挠（使……弯曲）

152.焙－烘－煏（用火烘）

153.用－做－为（做）

154.散－布－撒（撒）

155.揩－拭－捩（擦拭）

四字一组（45 组）：

156.卧－眠－生－产（动物下崽）

157.动－坏－败－浥（裛）（食物变质）

158.薄－贴－粘－帖（粘贴）

159.过－下－案－就（佐餐）

160.货－粜－售－卖（卖）

161.望－依－照－随（按照）

162.施－装－安－置（装置）

163.替－换－易－代（替换）

164.冲－春－捣－抨（捣击）

165.存－活－生－在（生存）

166.赈－救－恤－振（救济）

167.酘－放－上－投（投放）

168.渍－腌－腩－停（腌制）

169.沙－过－瀹－活（暂煮）

170，益－加－增－添（增加）

171.可－能－堪－任（能够）

172.蔽－映－扇－笼（遮蔽）

173.障－防－拦－阻（阻拦）

174.往－到－至－诣（到……去）

175.接－承－趁－截（趁着）

176.作－制－造－营（制造）

177.合－糁－按－栅（掺合）

178.堕－坠－落－降（落下）

179.劳-杷-平-摩（平土）

180.锋-犁-耕-作（耕地）

181.秀-色-作-生（开花）

182.作-为-充-当（充当）

183.拾-取-捃-将（拾取）

184.藏-贮-存-收（收藏）

185.质-平-称-量（称量）

186.颠-倒-合-覆（倒置）

187.至-暨-到-终（到）

188.赐-赏-给-与（给予）

189.挠-搅-拌-和（搅拌）

190.悬-挂-举-桁（悬挂）

191.燃-烧-焚-爇（烧）

192.食-茹-唼-吃（吃）

193.透-彻-津-渗（渗透）

194.资-凭-靠-缘（凭借）

195.命-令-使-教（使得）

196.损-伤-害-坏（损害）

197.隔-抑-制-止（抑制）

198.劋-刈（艾）-割-杀（割取）

199.逢-遇-当-值（遇到）

五字一组（10组）：

200.液-泽-胀-释-发（膨胀）

201.搦-绞-捩-迮-拃（挤压）

202.播－布－耩－下－种（播种）

203.浸－沃－沤－淹－渍（浸泡）

204.曰－云－说－语－言（说）

205.研－磨－扤－粉－碎（磨成粉）

206.收－获－穧－敛－下（收获）

207.缠－裹－绕－挠－萦（缠绕）

208.裁－截－断－克－磔（截断）

六字一组（10组）：

209.斩－斫－剉－劚（斸）－伐－剥（砍）

210.晒－曝－暵－煼－炙－熇（晒）

211.泻－倾－抒－倒－引（倾倒）

212.疏－沦－舍－决－排－写（泻）（把水放出）

213.煮－熇－炊－熬－煎－烹（煮）

214.种－栽－莳－植（殖）－树－插（种植）

215.裂－擘－剖－破－劈－膊（剖开）

216.蓄－积－储－敛－聚－停（积聚）

217.覆－盖－幕－奄－合－苫（覆盖）

218.浇－淋－洒－灌－溉－沃（浇灌）

七字一组（4组）：

219.敕－告－晓－示－知－喻－匹（譬）（告知）

220.践－蹋－踏－履－蹉－蔺（躏）－蹙（蹴）（踩踏）

221.泥－糊－涂－塞－封－闭－壅（堵塞）

222.望－观－视－察－览－候－看（观看）

八字组（4组）：

223.摊－布－敷－铺－排－施－罗－薄（摊开）

224.覆－盖－弊－幕－奄（掩）－合－苫－罨（覆盖）

225.逼－就－近－附－摩－比－侵－负（贴近）

226.置－着－安－阁－停－著－委－奠（放置）

十字一组（1组）：

227.汰－沙－淘－洗－涤－荡－疏－浣－濯－澡（洗）

2.2《齐民要术》单音节动词同义词的辨析

凡例：在表示出处时，以贾思勰著，缪启愉校释，农业出版社（第一版），1982 年 1 月出版的《齐民要术校释》，为标准。如（耕田/第一/24）表示的就是在这一版里"耕田第一"这一章，第 24 页。凡是说《要术》中用了多少次，表示的是本书的总"用字"数，不是实际单音词的数量，后面的动词实际使用次数，不包括引用的次数在内。比如说"茇"在《要术》中用了 19 次，《尔雅》1 例，其他 18 例，17 例为名词，1 例为动词"除草"义。"表示的是"茇"这个字出现了 19 次，其中引用 1 次，17 例以名词形式出现，动词 1 例。

2.2.1 耨、耘（芸）、茇、劚、锄（除草）；茇、拔、薅（拔草）

2.2.1.1 "耨"

"耨"在《要术》中用了 8 次，有 4 次是引用它书。《周书》《篆文》各 1 次，《释名》2 例，2 次是唐代颜师古的注，1 例在《杂说》。剩下的 1 例为

"除草"义：

苗生叶以上，稍耨陇草，因隤其土，以附苗根。（种谷/第三/53）

2.2.1.2 "耘"

"耘"在《要术》中用了 5 次，引魏文侯的话 1 次，汉书 2 次，1 例名词，1 例为动词"除草"义如下：

区中草生，芸之。区间草，以划划之，若以锄锄。苗长不能耘之者，以钩镰比地刈其草矣。（种谷/第三/50）

这个用例最为典型，"芟""锄""耘""刈""划（铲）"同时用到，而且清楚地表达了几者的差异。

芸在《要术》中用了 16 次，《管子》《庄子》《诗经》各 1 例，高诱、颜师古注各 1 例，有复音名词 7 例，3 例单用作名词。1 例作动词"除草"：

《管子》曰："为国者，使农寒耕而热芸。"芸，除草也。（种谷/第三/44）

2.2.1.3 "芟"

"芟"在《要术》中用了 19 次，引用 7 次，名词 2 例，有 1 个是复音词"芟钩"，其他的几例主要构成 3 个动词义项：

"治理"义 3 次，具体例子见下：

凡开荒山泽田，皆七月芟艾之，草干即放火，至春而开。（耕田/第一/24）

"除草"义 5 次，例如下：

大雨时行，以水病绝草之后生者，至秋水涸，芟之，明年乃稼。（水稻/第 11/101）

既非岁易，草、稗俱生，芟亦不死，故须栽而薅之。（水稻/第十一/100）

2.2.1.4 "锄"

"锄"在《要术》中用了115次，名词19次，引用21次，杂说17，颜师古注2次。主要有3个义项：

"用锄松土"义11次，用例如：

栽时既湿，白背不急锄则坚确也。（种蓝/第五十三/270）

"挖"义3次，其用例如：

锄去概者，供食及卖。（种胡荽/第二十四/149）

"用锄除草"义32次，例如下：

不如此而旱耕，块硬，苗、秽同孔出，不可锄治，反为败田。（耕田/第一/27）

区间草生，锄之。（大小麦/第十/94）

斸，诛也，主以诛锄物根株也。（耕田/第一）

另有一个"劚"。"劚"在《要术》中用了14次，动词表"锄"义4次。例如下：

芋生根欲深，劚其旁以缓其土。（种芋/第十六）

明年劚地令熟，还于槐下种麻。（漆/第四十九）

还有一个"耧"表"锄草"义，例如下：

先卧锄耧却燥土，不耧者，坑虽深大，常杂燥土，故瓜不生。（种瓜/第十四156）

2.2.1.5 "茇"

"茇"在《要术》中用了19次，《尔雅》1例，其他18例中，17例为名词，1例为动词"除草"义：

区中草生，茇之。（种谷/第三/50）

2.2.1.6 "薅"

"薅"在《要术》中用了 8 次，其中 1 次引用《淮南子》。有 2 个动词义项：

泛指"拔起"义 4 次，用例如下：

天雨无所作，宜冒雨薅之。（旱稻/第十二/107）

专门指"拔除杂草"义 4 次，例如下：

"稻苗渐长，复须薅；拔草曰薅。薅讫，决去水，曝根令坚。"（水稻/第十一/100）

治畦下水，一如葵法。常薅令净。（种桑、柘/第四十五/229）

2.2.1.7 "拔"

"拔"在《要术》中用了 34 次，其中 31 次表示"拔起"义，其中引用 4 例。表"过滤"义 3 次。其中"拔起"义如下：

豆角三青两黄，拔而倒竖笼丛之，生者均熟，不畏严霜（大豆/第六）

勃如灰便收。刈，拔，各随乡法。（种麻/第八）

既生七八寸，拔而栽之。（水稻/第十一）

韭性多秽，数拔为良。（种韭/第二十二）

其他在"除草"义项目相关的于用其他农具除草的情况。"划"可做除草工具，"锋""耩"也是除草的手段：

养苗之道，锄不如耨，耨不如铲。铲柄长二尺，刃广二寸，以划地除草。（耕田/第一）

必欲耩者，刈谷之后，即锋芟下令突起，则润泽易耕。（种谷/第三）

凡耧种者，非直土浅易生，然于锋、锄亦便。（大小麦/第十）

辨析：

在"除草"一义上构成了 2 组同义关系。

一组为泛指除草

"耨、耘（芸）、茇、锄"在表"除草"义上构成同义关系。

一组为指除草具体的方法

"茇、拔、薅"在表"拔草"义上构成同义关系。

其中"耨、锄"原本各指一种锄头。"耨"是小手锄。颜师古曰："耨，锄也。"《吕氏春秋·任地》："耨柄尺，此其度也。其耨六寸，所以间稼也。"高诱注："耨所以耘苗也，刃广六寸，所以入苗间也。"其作用是除草，《纂文》曰："养苗之道，锄不如耨，耨不如铲。""锄"，又名："镐""镢"，指松土除草的长锄。《尚书大传》卷五："穰锄已藏，祈乐已入，岁事已毕，余子皆入学。"原始的锄头并不是专门用来除草的农具，到了汉代才成为长柄除草农具的专称。《释名·释用器》："锄，助也，去秽助苗长也。"除草时人可以立身操作。两者表"除草"义，实际上除草时的工具各异。"耨"本义为动词。《玉篇·耒部》："耨，耘也。"《逸周书·大开武》："若农之服田，务耕而不耨，维草其宅之。"据黄金贵考证，是短柄宽刃之锄，除草时需要俯身而行。[24]"养苗之道，锄不如耨"这是因为锄草时立身不易把握轻重，可能连庄稼也一起锄去，如："区间草生，锄之。""苗生叶以上，稍耨陇草"，区间没有庄稼可以用锄，陇上（也就是田块上）有"苗生叶上"故而用耨。还有"劚""斸""划"三种工具可用来除草，在《要术》中都有用到，但是难以根据专书的用例，单独列为义项。

"耘"，《诗经·小雅》："今适南亩，或耘或耔。"《毛传》"耘，除草也。"经常跟"耕"连用，是通称，表铲除田间杂草。如："力耕数耘，收获如寇盗之至。（种谷第三/51）""然为性多秒，一种此物，数年不绝；耘锄之功，更益劬劳。（大小麦第十/93）""芸"是"耘"的通假字。《论语·微子》："植其杖而芸。"《何晏·集解》引孔安国曰:"除草曰芸。"但是"耘"在表示特称的时候,一般是指用锄类的农具进行除草的,如:"若以锄锄。苗长不能耘之者"。就是苗长长以后不能用长锄这种东西,会弄断苗杆(必须蹲下身子以镰刀处置)。

"芟"《说文·艸部》"芟,刈草也。"《诗·周颂·载芟》:"载芟载柞,其耕泽泽。"《毛传》:"除草曰芟,除木曰柞。"芟又有镰刀之义,做动词应该是用一种大镰刀割除草。如"芟亦不死,故须栽而薅之。"表明只是把草割断,并没把根弄出来;还有"苗长不能耘之者,以钩镰比地刈其草矣。"1 例,明显地把使用的工具体现出来了。

语法方面,该组四个词都能接宾语或单独应用,但"芟""锄"后接宾语的形式相对多样,特别是"锄"。另外,"芟"可以带补语,如"芟亦不死"或者形成动宾结构做宾语,"扬去前年所芟之草"。"锄"也可以带补语"锄而去之""锄常令净"。

语用方面这一组"耨-耘(芸)-芟-锄"在表示"除草"义上,使用频率存在差异,其中"耨"4 次,"耘"1 次,(芸 1 次),"芟"5 次,"锄"32 次。在《要术》时代,"耨""耘(芸)"多为统称书中共 3 例分别为:单用、"~之""~草"。"芟"虽然多了几例,但出现了同义连用的情况。如"皆七月芟艾之。(耕田第一)"。"锄"指出了具体的除草工具,表示"锄"的动作,但其有松土和除草两个作用。我们选用了明确表明为除草的用例。起结合能力较强。"锄根""镞锄""大锄""小锄""深锄""春锄""锄治""耘锄"等。应该这时期农业使用"锄"除草较为普遍,且"锄"带有"松土"义,比单纯的"除草"更为农业活动中所常见。

总之,"耘"是泛称,其他的都是特称。"耨、锄",本来是二种锄类,后用作动词表锄草;表示用镰刀割除杂草的是"芟"。贾思勰的语言环境中,"芟"在表统称"除草"时较为常用,但"锄"却是在"松土和除草"的复合义的使用中，占据了更大的优势，属于核心词汇。

"薅"，《说文解字》（下文简称《说文》）："薅，田艸。"后由名词义向动词义引申，表示"拔除杂草"，如：《国语·晋语五》："臼季使，舍于冀野，冀缺薅，其妻馌之。"韦昭注："薅，耘也。"《要术》中有"稻苗渐长，复须薅；拔草曰薅。（水稻/101）"。《校释》："'薅'音蒿，《说文》：'拔取田草也'和这里注文相同。卷3《种韭》篇'薅令常净'注：'数拔为良。'也是指拔草。"

"茇"，《说文解字》："茇，艸根，从艸犮声，春艸根枯引之发"本来指拔去的枯草，但后来杂草也在拔去之列。《淮南子·墬形训》："凡根茇草者，……凡浮生不根茇者，生於萍藻。本指'草木根'。"石声汉注："茇，这里作动词，是'除茇'的意思；除，即连根拔掉。"[25]《要术》："区中草生，茇之。"

"拔"抽出、拽出。强调拔除的动作。晋干宝《〈晋纪总论》："基广则难倾，根深则难拔。"前两者都是表拔草，但是"薅"还可以表其他的除草形式，或者笼统地表锄草，甚至于拔出的动作。如：《诗·周颂·良耜》："其镈斯赵，以薅荼蓼。"朱熹集传："薅，去也。"《要术》："苗高尺许即锋，天雨无所作，宜冒雨薅之（旱稻第十二/107）"这里不是指拔草，而是"以锋除草"。"茇"则强调根除，连根拔除。而"拔"不是农业专用的词汇，强调的是抽出的动作。《要术》里后面接的是杂草的用例不多。如："韭性多秽，数拔为良。"

语法上，"茇"的语法功能较弱，后接固有的"杂草"或代称"之"成动宾结构；"薅"即可以单用也可接补语，如："常薅令净"；或者跟其他动词连用，共同做谓语，如"生则薅治"；"拔"是常用动词，语法功能比较活跃，可以独立充当句法成分。语用上，"茇"仅有1例，"薅"表"拔出"义4例，表"拔草"义的有4例，"拔"表通用的"拔出"义有31例，仅有1例是明确接杂草的。说明这时候主要指"拔草"义的还是"薅",而"拔"则并不为杂草说特用。

还有两个相关的词:"夷"在《要术》中用了 16 次,其中"芟夷"连用了 4 次都属于引用。"薙"《说文解字》除艸也,《明堂月令》"季夏烧薙"《要术》中用了 4 次,也是以引用的情况出现的。

2.2.2　劃、刈(艾)、杀、割(割取)

2.2.2.1　"劃"

"劃"在《要术》中用了 4 次如下(其中 1 例引用),都为"割取"义如下(只有一例是单用,其他 2 例"劃刈"复音词,也录一例):

粟、黍、穄、梁、秫,常岁岁别收,选好穗纯色者,劃刈高悬之。(收种/第二/37)

多种久居供食者,宜作劃麦;倒刈,薄布,顺风放火;火既着,即以扫帚扑灭,仍打之。(大小麦/第十/93)

若欲久居者,亦如"劃麦法"。(水稻/第十一)

2.2.2.2　"刈"

"刈"在《要术》中用了 45 次,《杂说》2 次,其他引用 7 次,有 2 次"劃刈"连用 2 次,"刈艾"连用 1 次,收刈连用 1 次。主要有 2 个义项。

"砍断"义 14 次,例如下:

至春冻释,于山陂河坎之旁,刈取箕柳,三寸截之,漫散即劳。(种槐、柳、楸、梓、梧、柞/第五十/253)

"收割""割取"义 22 次,例如:

必欲精者,刈谷之后,即锋芟下令突起,则润泽易耕。(种谷/第三/45)

熟，速刈。干，速积。刈早则镰伤，刈晚则穗折，遇风则收减。（种谷/第三/45）

苗长不能耘之者，以钩镰比地刈其草矣。（种谷第三/45）

勃如灰便收。刈，拔，各随乡法。（种麻第八/87）

夷下麦，言芟刈其禾，于下种麦也（水稻/第十一）

预前数日刈艾，择去杂草，曝之令萎（白醪麹第六十五）

2.2.2.2.1 "艾"

通假"刈"，在《要术》中用了2例，其中1例"刈艾"连用，表"割取"义。

凡开荒山泽田，皆七月芟艾之，草干即放火。（耕田第一/24）

2.2.2.3 "割"

"割"在《要术》中用了26次，主要有3个动词义项：

"分出"义11次，例如：

不如割地一方种之。（种榆、白杨第四十六/243）

"用刀切割肉"6次，例如：

片割，着釜中，不须削毛。（煮胶第九十/551）

"割取"义9次，其中有2例来自《神异经》，其用例如下：

其碎者，割讫，即地中寻手纠之。（种葵第十七/127）

割讫则寻手择而辫之，勿待萎，萎而后辫则烂。（蔓菁第十八/133）

至七月六日、十四日，如有车牛，尽割卖之。（杂说）

2.2.2.4 "杀"

"杀"在《要术》中用了91次，其中引用18次，形容词"死"义10例，

"杀气，杀地、掩杀"属于词组。用作动词主要有以下几个义项：

"除掉"义 14 次，例如下：

耩者，非不壅本苗深，杀草，益实，然令地坚硬，乏泽难耕。（种谷/第三/45）

无流水，曝井水，杀其寒气以浇之。（种麻子/第九/91）

"损害"义 5 次，例如：

凡下田停水处，燥则坚垎，湿则污泥，难治而易荒，硗埆而杀种。（旱稻/第十二/106）

"消融"义 10 次，例如：

用盐杀茧，易缫而丝韧。（种桑、柘/第四十五/235）

"杀戮、宰杀"义 5 次，例如：

取良杀新肉，去脂，细锉。（作酱/等法/第七十）

"使致死"义 7 次，例如：

酿此二酘，常宜谨慎：多，喜杀人；（笨曲并酒/第六十六/392）

"割取"用了 18 次，其中引用 1 例。例如：

至冬叶落，附地刈杀之，以炭火烧头。（插梨/第三十七/204）

山中杂木，自非七月、四月两时杀者，率多生虫，无山南山北之异。（伐木/第五十五/274）

明年正月初，附地芟杀，以草覆上，放火烧之。（种榆、白杨/第四十六）

其欲做器者，经年乃堪杀。（种竹/第五十一）

山中杂木，自非七月、四月两时杀者，率多生虫，无山南山北之异。（伐木/第五十五）

辨析：

"劚、刈（艾）、杀、割"在"割"一义上构成同义词。

"劚"，《广雅·释言》"劚，刈也"。上古经传里面通作"樵"。《释诂一》："劖，断也"。《玉篇》："刈，获也"。《校释》认为："劖音樵，割的意思"。《要术》里出现4例，有2例是"劖刈"连用。有2例是分开的，可以认为其分开之处为单音节动词表示"割"。这里特指"割穗"，如："宜作劖麦；倒刈"。

"刈"，《说文解字》（下文简称《说文》）："乂，芟艸也，从丿，从乀相交，刈，从乂或从刀。"作名词是表割草、割庄稼的工具，一般是镰刀，如《国语·齐语》："时雨既至，挟其枪、刈、耨、鎛，以旦暮从事于田野。"韦昭注："刈，鎌也。"作动词时本来是有"除草"之义，但是《要术》中并没有用例。《楚辞》："愿俟时乎吾将刈"，王逸注："草曰刈，谷曰获"。《要术》中"劖刈"连用两次，在表示"割"义时，即可"刈"草，也可以是割取木本植物，如"桑生正与黍高平，因以利镰摩地刈之，暴令燥（种桑、柘第四十五/233）"。后面接更大一点的木本植物，就变成"砍"义了。

"杀"，《说文》"杀，戮也。从殳，杀声。"语义由"杀人"到"收杀庄稼"，再到"割取一般的植物苗株"。在南方方言中经常有"杀猪草，杀禾（湖南话）"之说。但是由于其还有"杀戮"之义，在作"割断"义的时候又附带有把"割的对象全部清除"之义。如"附地刈杀之"；"明年正月初，附地芟杀，放火烧之。（种谷楮/第四十八/249）"都是有"清除"某物以便好做其他事的意思。如"薙氏，掌杀草"这里的"杀草"就有"除草"之义。

"割"，《说文》"割，剥也。从刀，害声。"《左传·襄公三十一年》："犹未能操刀而使割也。"表示"割断"之义时，一般用刀一类的利器，但也可以用别的工具。比如可以用锯子、线"口湿细紧线以割之（煮胶/第九十/551）"。这一类只要能把一个整体切分开来就可。"割"支配的对象也要比其他的几个词要宽，除了植物可以"割"：布"取生布割两头，各作三道急裹之。（养牛、马、驴、骡/第五十六/288）"；脚"以锯子割所患蹄头前正当中（同上）"；碗"割却碗半上，剜四厢各作一圆孔（同上/399）"；牛角"割取牛角（饼法 / 第八十二 /510）"等。

　　劋、刈、割几个词主要是动作对象不一样。"劋"的对象是草类，特指"割穗"；"刈"可是各种苗杆类庄稼，甚至木本植物；"割"则能够是各种物体。使用的工具不一样，"劋、刈"从刀，实际使用的一般也是刀类，"割"可以用各种工具。"杀"强调的是动作的结果，又有"清除"之义。

　　语法语用上，"劋"用例 4 例，"刈"用例 22 例，"杀"用例 18 例，"割"用例 9 例，"刈、杀"属于"割取"义的核心词汇。"劋"中有 2 例为"劋刈"连用，剩下 2 例，均为"劋麦"；"刈"的 22 例，其中有 17 例偏向专指"收割"，5 例则为统称的"割取"义。除"芟刈"连用"刈芟"连用 2 例，"刈"的构词结合能力较强，可以组成"～取""～去""～杀""～作""～得"等，可以单独出现也可以组成动宾和动补。

2.2.3 种、栽、莳、植（殖？稙）、树、插、移（移栽）

2.2.3.1 "种"

　　"种"在《要术》中用了 485 次，用作动词 389 次（除《杂说》和引用），主要有 2 个义项：

　　"播种"义 176 次，例如：

　　敦煌不晓作耧犁；及种，人牛功力既费，而收谷更少。（齐民要术·序 /2）

　　颜色虽白，啮破枯燥无膏润者，秕子也，亦不中种。（种麻第八 /117）

　　"移栽"义 223 次：

　　茨充为桂阳令，俗不种桑，无蚕织丝麻之利，类皆以麻枲头贮衣。（齐民要术·序 /2）

　　种法与麻同。（种麻子 / 第九 /90）

2.2.3.2 "栽"

"栽"在《要术》中用了 69 次，引用 9 次，作动词只有"移栽"一义，如：

既生七八寸，拔而栽之。（水稻/第十一/100）

栽法欲浅，令其根须四散，则滋茂；深而直下者，聚而不科。（旱稻/第十二/106）

此等名目，皆是叶生形容之所象似，以此时栽种者，叶皆即生。（栽树/第三十二/180）

树，大率种数既多，不可一一备举，凡不见者，栽莳之法，皆求之此条。（同上/181）

2.2.3.3 "莳"

"莳"在《要术》中用了 5 次。都作动词，可"种莳""栽莳"连用，用例如下：

"移栽"义 5 例：

移栽者，二月莳之。（种谷楮/第四十八/250）

其有五谷、果、蓏非中国所殖者，存其名目而已；种莳之法，盖无闻焉。（齐民要术·序/5）

树，大率种数既多，不可一一备举，凡不见者，栽莳之法，皆求之此条。（栽树/第三十二/180）

2.2.3.4 "植"

"植"在《要术》中用了 11 次，名词 2 例，主要有 2 个动词义项：

"繁衍、生长"义 3 次，如：

榆性扇地，其阴下五谷不植。（种榆、白杨/第四十六/358）

"移栽"义 7 次，例如：

如其栽榆，与柳斜植，高共人等，然后编之。（园篱/第三十一/178）

性不耐霜，不得北植。（卷十·槟榔/第三十三/599）

殖在《要术》中用了 10 次，3 次为词组。

"积聚"义 2 次，如：

及务耕桑，节用，殖财，种树。（齐民要术·序/3）

"种植"义 5 次；

此种殖之不可已已也。（齐民要术·序/4）

教民养育六畜，以时种树，务修田畴，滋殖桑、麻。肥、硗、高、下，各因其宜。（种谷/第三/47）

2.2.3.5 "树"

"树"在《要术》中用了 244 次，引用 31 次，名词 186 次，用为动词的共 27 次，都是表示"移栽"义：

颜斐为京兆，乃令整阡陌，树桑果（齐民要术·序/4）

谚曰："一年之计，莫如树谷；十年之计，莫如树木。"（齐民要术·序/4）

《孟子》曰："今夫麰麦，播种而耰之，其地同，树之时又同；（大小麦/第十/93）

2.2.3.6 "插"

"插"在《要术》中用了 31 次，作动词 24 次，动词义项主要有 3 个：

"嫁接"义 13 次，例如：

枣、石榴上插得者，为上梨，虽治十，收得一二也。（插梨/第三十七/204）

"穿插"义7次，例如：

削竹插瓮子口内，交横络之。（作鱼鲊/第七十四/446）

"移栽、种植"义4次：

其种柳作之者，一尺一树，初即斜插，插时即编。（园篱/第三十一/178）

于屋下作荫坑，坑内近地凿壁为孔，插枝于孔中，还筑孔使坚（种桃柰/第三十四/191）

2.2.3.7 "移"

"移"全书共用了25例，其中20例表示"移栽"义。用例如下：

明年三月中，移植于厅斋之前，华净新雅，极为可爱。（种榆、白杨/第四十六）

楸既无子，可于大树四面掘坑，取栽移之，亦方两步一根。（种榆、白杨/第四十六）

常选好味者，留栽之。候枣叶始生而移之。（种枣/第三十三）

栽法：以锹合土掘移之。（种枣/第三十三）

初生即移者，喜曲，故须丛林长之三年，乃移种。（种榆、白杨/第四十六）

辨析：

"种、栽、莳、植（殖）、树、稼、插"在"移栽"义上构成同义关系。

"莳"，《说文》："莳，更别种，从艸，时声。"本义是"分栽、移植"，后来词义扩大，可以指任何的栽种。《广雅·释地》"莳，种也。"王念孙疏证："莳，植声相近，故播植亦谓播莳。"《要术》："其有五谷、果、蓏非中国所殖者，存其名目而已；种莳之法，盖无闻焉。""种莳"连用，表对外来品种的移植。

"种"，《说文》"种（種），先种后熟也。"名词;《说文·禾部》另有一字

"穜"作动词，表"种植"义。从二者的关系来看，可以这样想象，就是"把种子放在泥土里让他生长"，有别于苗栽，《诗·大雅·生民》："茀厥丰草，种之黄茂。"从《要术》中的用例可以看出，在数量上其"播种"义还是占了很大的比例，就是被归纳到"种植"义上，绝大部分也是指先播下种子的种植方法："种麻""种桑""种荚""种稻"。当然也能表对木本植物的种植："种树""种枣""种桃""种李""种梅杏"，从句意和结构上来看，已经跟今天的"种树"差不多。但是整个来讲还是注意这种区分的。比如说"栽"与"种"：例 1："桃，柰桃，欲种，法：熟时合肉全埋地中（种桃柰/190）"和例 2："李欲栽。李性坚，实晚，五岁始子，是以藉栽。栽者三岁便结子也。（种李第三十五/196）"第 1 例说明"种"是埋核，第 2 例隐含的意思就是如果是"种"（不"移栽"的话），结子就会比较晚，这就突出了它们之间的不同。另外，语法上"种"经常能单用作谓语。

"栽"，《说文》"栽，筑墙长版也，从木，弋声。"徐锴系传："又栽植也。"《段注》"植之谓之栽，栽之言立也。"从"直立的长木板"引申为"将苗株直立土中，即种植。"《礼记·中庸》："故天之生物，必因其材而笃焉。故栽者培之。"郑玄注："栽，犹殖也；培，益也。今时人名草木之殖曰栽。"一般在指花木苗株的种植。如"既生七八寸，拔而栽之"；"以此时栽种者，叶皆即生"。种植的都是苗木（但是一般是指幼苗，像今天我们经常说的"栽菜""栽茄子"），这就正好与"种"形成互补。语法上一般不带宾语，但可以"栽之"的形式出现。

"植"，《说文》"植，户植也。"原指门外闭时加锁的中立直木，由中立直木义虚化引申为使某物树立的动词"树立"义。《论语·微子》："植其杖而芸"强调的就是"直立"。《周礼·地官·大司徒》谓要根据山林、川泽、丘陵等不同的土地环境而辨别宜产的"植物"。这样理解，"植物"就是所植之物，凡栽种根生的直立的草木都可叫"植"。《孔雀东南飞》："东西植松柏，左右种梧桐"，"植"为动词，由于其对象相当广泛，成为种植的总称。如："明年三月中，移植于厅斋之前（种槐、柳、楸、梓、梧、柞/第五十/253）"

"殖"通"植"。《说文》"脂膏久，殖也"，指的是脂膏积久而腐败。但是其本义并不发达，相反由假借的"兹"的"滋生腐败"义引申出"生长、滋生"之义。《国语》："周弃能播殖百谷蔬。"韦昭训："殖，长也。"《玉篇·歹部》："殖，种也"。受"滋生"义的影响，在表"种植"义时含有为了繁衍、收获之义，强调了种植的目的。《集韵》："兴生财利曰殖"，在《要术》里"此种殖之不可已已也"；"滋殖桑、麻。肥、硗、高、下，各因其宜"。都强调要不停地种，多种以取得农业上的利益。

"树"，《说文》"树，木生植物之总名。"徐锴《说文解字通释》："树，言之竖也"引申为动词有"种植"之义，《易·系辞下》："古之葬者，厚衣之以薪，葬之中野，不封不树，丧期无数。"跟"种"一样，它的名词义项影响到其动词义项，"树"作动词时一般接的是树木类的植物。比如说"树桑、树谷"。但是与"栽"不一样的是它的苗株可能要的更大一些。如："十年树木"；"于树旁数尺许掘坑，泄其根头，则生栽矣。凡树栽者，皆然矣。（奈、林檎/第三十九/215）"种植的是整株较大的木本植物。

"插"《说文》："插，刺内也。从手，从臿"是"刺入"之义。梁简文帝《中书令临汝灵侯墓志铭》："草茂故辙，松插新枚。"作"种植"义，《汉语大词典》引用《要术》之例："凡插梨，园中者，用旁枝；庭前者，中心。（插梨/第三十七/204）"其实，用作此义的时候，受本义的影响，可以认为是以"扦插"的方式在进行种植。如"种柳作之者，一尺一树，初即斜插"；"凿壁为孔，插枝于孔中"。

"移"禾相倚移也。从禾多声。后引申为"迁徙移动"。《寡人之于国也》："河东凶，则移其民于河内。"《要术》中多指将幼苗移栽至新地。"遂分布栽移，略遍州境也。（种椒/第四十三）"

另外。"艺",《要术》引用《诗经》和《毛传》各 1 次为"种植"义,重于指精细培养。

"种、栽、稼、莳、移"在行为受事的对象上较泛。例如:与"种"搭配的宾语可以是麻、瓜、葱、李、榆等;与"栽"搭配的可以是榆、蔓菁、树、木瓜等。而"植(植)、树"两个同样表示"栽种"义的动词却在受事的对象上教狭。一般情况下,"植"用于谷物和树木的栽种上,"树"用于树木的种植上。另外,"栽、莳、树"都表示株苗的入土。"栽"偏重于直立将幼苗种植;"莳"多指移栽,"树"强调大的、整株苗木的栽种。而在方式上,"插"指的是"扦插"的种植,"种"偏重于播种。"殖"强调了种植的目的性,"植"则是种植的总称。另外,"种、稼、树、植"的"移栽"义不明显,很多时候只有在与"栽、莳、移"配合重叠使用时才明确表示"移栽"的意义。如"凡于城上种莳者,先宜随长短掘智,停之经年,然后于智中种莳,保泽沃壤,与平地无差。(种茱萸/第四十四)"

语法语用方面。"栽、种"的语法功能最活跃;"移、植、稼、树、荷"语法功能较为薄弱。其中,"种""栽"可在句中充当句子的谓语,能够后接补语起补充说明作用。词法层面的组合搭配能力强,如"栽种""种植""移种""栽莳""栽移""移栽""频种""并种""类种""小栽""早栽""新栽"等。而"莳"则很少单独充当句子成分。在使用上,"种"用了 223 例的"移栽"义,"栽"69 例。其他的"树"27 次,"移"20 次且有部分是动词连用。在农学科技类专书里面"栽种"是中国古代农业的一个重要部分,其词语间的竞争也异常激烈,作为统称类的"栽、种"已经在语法语用上占有比较明显的优势。

2.2.4 浸、沃、淹、渍、沤、澡（浸泡）

2.2.4.1 "浸"

"浸"在《要术》中用了 91 次，其中作动词 89 次。主要有以下 2 个义项：

"水渗透"义 43 次，例如下：

漱生衣绢法：以水浸绢令没，一日数度回转之。（杂说/第三十/164）

"浸泡"义 48 次，用例如下：

泽多者，先渍麻子令芽生，取雨水浸之，生芽疾；用井水则生迟。（种麻/第八/87）

箭，冬夏生，始数寸，可煮，以苦酒浸之，可就酒及食。（种竹/第五十一/260）

漱生衣绢法：以水浸绢令没，一日数度回转之。（杂说/第三十/233）

2.2.4.2 "沃"

"沃"在《要术》中用了 35 次，作单音节动词 31 次，主要有 3 个义项：

"浇灌"义 17 次，用例：

便于暖处笼盛胡荽子，一日三度以水沃之，二三日则芽生，于旦暮时接润漫掷之，数日悉出矣。（种胡荽/第二十四/149）

"饮"义 5 次，例如：

取葵着瓮中，以向饭沃之。（作菹、藏生菜法/第八十八/533）

"浸泡"义 9 次，例如下：。

作乌梅欲令不蠹法：浓烧穰，以汤沃之，取汁，以梅投中，使泽。（种梅杏/第三十六/200）

以不津瓮受十石者一口，置庭中石上，以白盐满之，以甘水沃之，令上恒有游水。（常满盐、花盐/第六十九/417）

2.2.4.3 "淹"

"淹"在《要术》中用了 17 次，其中 8 次作"浸泡"义，2 次"淹没"义，其他为引用。"淹渍"连用 3 例。

"淹没"义，用例如：

大釜中煮之，水仅自淹。（种枣/第三十三/184）

"浸泡"义，例如下：

六七日许，当大烂，以酒淹，痛抨之，令如粥状。（奈、林檎/第三十九/214）

水多少，要使相淹渍，水多则酢薄不好。（作酢法/第七十一/432）

2.2.4.4 "渍"

"渍"在《要术》中用了 65 次，引用 17 次，主要有 3 个动词义项：

"淘"义 11 次，例如：

九月，渍精稻米一斗，捣令碎末，沸汤一石浇之。（笨曲并酒/第六十六/394）

"浸泡"义 25 次，例如下：

少下水，仅令相淹渍。（素食/第八十七/529）

取汁以渍附子，率汁一斗，附子五枚。（种谷/第三/48）

梅子酸、核初成时摘时，夜以盐汁渍之，昼则日曝。（种梅杏/第三十六/200）

又方：尿渍羊粪令液（养牛、马、驴、骡/第五十六）

2.2.4.5 "沤"

"沤"在《要术》中用了 5 次，引用 2 次。其余 3 例都是作"浸泡"义，例如：

沤欲清水，生熟合宜。（种麻/第八/87）

凡非时之木，水沤一月，或火煏取干，虫皆不生。（伐木/第五十五/274）

2.2.4.5 "腩"

"腩"在《要术》中用了 3 次。都是作"浸泡"义，例子如下：

腩炙：羊、牛、獐、鹿肉皆得。方寸窝切。葱白研令碎，和盐、豉汁，仅令相淹。（炙法/第八十/616）

肝炙：牛、羊、猪肝皆得。窝长寸半，广五分，亦以葱、盐、豉汁腩之。（炙法/第八十/616）

腩炙法：肥鸭，净治洗，去骨，作窝。（炙法/第八十/617）

2.2.4.6 "澡"

"澡"在《要术》中用了 2 次，表"浸泡"义，均来自于《食经》。例如下：

柿熟时取之，以灰汁澡再三度。（种柿/第四十301）

常夏五月至八月，是时月也。率一石豆，熟澡之，渍一宿。（作豉法/第七十二564）

辨析：

"浸、沃、淹、渍、沤、腩、澡"在"浸泡"义上构成同义关系。

"浸"本指古代的一条河。《说文》："浸，水。出魏都武安，东北入呼沱水。"后来引申为动词，表"泡在水中"。《广韵·沁韵》："浸，渍也。"

《诗·小雅·大东》:"有冽氿泉,无浸获薪。"在《要术》中表"浸泡"义用了 81 次,远远超出其他同义词,看来比较活跃。"浸"的用水量较多,一定要泡在水中。如"率汁一斗,附子五枚。""三月三日,秤曲三斤三两,取水三斗三升浸曲。(法酒/第六十七/407)"。而且"浸"对被浸物有一个慢慢渗入,浸润的过程。如:"于井边坑中,浸皮四五日,令极液。(煮胶/第九十/550)""以热汤浸菜冷柔软,解辫,择治,净洗。(作菹、藏生菜法/第八十八/532)""簸小麦,使无头角,水浸令液。(饼法/第八十二/510)"

"沃",《说文》"沃,灌溉也。"上古多用于"沃盥"表示淋水洗手。后引申为"浸泡"义,《广雅·释诂二》"沃,渍也。"《要术》"取鱼眼汤沃浸米泔二斗","沃浸"连用。其"浸泡"的时间一般不长,如:"擘肉,广寸余,莫之,以暖汁沃之。肉若冷,将莫,蒸令暖。(作酢法/第七十一/434)","急出之,及热以冷水沃豚。(菹绿/第七十九/488)"

"淹"也是由一古水名引申而来,《说文》:"淹,水。出越巂徼外,东入若水。"《玉篇·水部》"淹,渍也。"《楚辞》:"淹芳芷于腐井"王逸注:"淹,渍也。"《礼记·儒行》:"儒有委之以财货,淹之以乐好,见利不亏其义。"郑玄注:"淹,谓浸渍之。"淹表"浸泡"时用水量不会太多,但一般水面要盖过被浸泡的物体:"水多少,要使相淹渍,水多则酢薄不好。(作酢法/第七十一/432)"这里说水要少一点,恰好说明"淹"只求相互掩盖即可。因为它受另外一个义项"淹没"的影响。"奄"这个声符表示的有"盖住、重叠"之义,像"晻(重叠;覆盖)、掩(遮蔽)、庵(寺院,一般建在树木遮蔽处)"都包含了这个义素。

"渍",《说文》"渍,沤也。"《礼记·内则》:"渍取牛肉,必新杀者。"表示"浸泡"义,但一般是被浸泡在汁液当中,有"腌制"的意味。如:"不加蜜渍(杨梅二九)(说明一般都是用蜜的)""夜以盐汁渍之""取汁以渍附子""渍"的浸泡时间不长,如"渍蹄没疮处(养牛、马、驴、骡第五十六

/394）""先渍麻子令芽生"。泡伤病处不会很久，否则会化脓；农业上麻生芽的时间较短。像"渍经三宿"这样的情况出现的不多。而且"渍"的用水量比较多，如"曲二斤，捣，合米和，令调。以水五斗渍之，封头。今日作，明旦鸡鸣便熟。（笨曲并酒/第六十六/393）"

"沤"《说文·水部》"沤，久渍也。"《诗·陈风》："东门之池，可以沤麻。"《要术》中这个词，表示"浸泡"的时间比较长，如："凡非时之木，水沤一月。"另一方面"沤"一般浸泡的对象是木本植物的茎秆，目的是让表皮和木质部脱离，如："沤木""沤麻"。

"腩"《汉语大词典》引《要术》例，表"用调味品浸渍肉类以备炙食"。《要术》3例都是此义，表用调味酱汁浸泡食物。有人认为是不是"浸泡"而是"涂抹"但"腩炙：羊、牛、獐、鹿肉皆得。方寸脔切。葱白研令碎，和盐、豉汁，仅令相淹。（炙法/第八十）"一例里，"腩"与"淹"对用，可以表明此处调味的液体应该是比较多的。但其浸泡的目的性很强。

还有一个"濩"，在《要术》中用了2次，都是引用《南方异物志》：其茎如芋，取，濩而煮之，则如丝，可纺绩也。（五谷果蓏菜茹非中国物产者/芭蕉四八/620）表示"浸泡"使其脱胶。另有"澡"在《要术》中用了2次，均来自于《食经》。

语义上，"浸""渍"表示"浸泡"义时用水比较多，"淹"强调的水面一定要盖住被浸泡物。"渍"浸泡的液体一般是混合的汁液。如"以牛骨汁渍其种也"。在时间上，"沤"最长，其次是"浸"，"沃""渍"则比较短。比较特殊的还有"浸泡"的目的，"濩"是脱胶，"腩"则是为了入味。

语法和与用上，"浸"和"渍"占有优势，分别有48次和25次，"沃"9次，其余两词共6次。这几个词的词法结合能力都不强，其中仅有"浸"有"浸得""浸润"（若不即洗者，盐醋浸润）、"浸置"（仍浸置勿出，瓷瓶贮之）"暂浸""沃浸"。其他"渍"也有"淹渍"连用3次，"薄渍"的情况。但在句法上"浸"的对象很丰富可以是"麻、丁香、豉、米、豆黄、木、镴、鸭子"等。（但全书的用例，"浸"一般接"子"；"渍"一般接"种"）。另外"浸"的液体也是较多的，如"泔、沸、汤、水、酒、盐汁、药酒"等。"浸"可以单用，可以接动宾做补语或者做谓语。

2.2.5 滤、漉、济（沛）（过滤）

2.2.5.1 "滤"

"滤"在《要术》中用了 8 次，都是"过滤"义。其用例如下：

以别绢滤白淳汁，和热抒出，更就盆染之，急舒展令匀。（杂说/第三十/166）

以大杓抒取胶汁，泻着蓬草上，滤去滓秽。（煮胶/第九十/551）

2.2.5.2 "漉"

"漉"在《要术》中用了 69 次，作动词的主要有 4 个义项，如下：

其中"捞出"义 16 次：

亦有全掷一团着汤中，尝有酪味，还漉取曝干。（养羊/第五十七/317）

"液体往下渗流"义 8 次：

一食顷，漉汁令尽，更净洗鱼，与饭裹，不用盐也。（作鱼鲊/第七十四/455）

"洒、淋"义 13 次：

生秫米一升，勿令近水，浓豉汁渍米，令黄色，炊作镴，复以豉汁漉之。（蒸缹法/第七十七/598）

作"过滤"义 22 次：

漉去滓，以汁渍附子五枚。（种谷/第三）

蘖熟后，漉滓捣而煮之，布囊压讫，复捣煮之（杂说/第三十/163）

下水，更抨，以罗漉去皮子。（奈、林檎/第三十九/214）

作汤净洗芜菁根，漉著一斛瓮子中（蔓菁/第十八）

2.2.5.3 "济"

"济"在《要术》中用了 3 次，都是"过滤"义，如下：

凡三酘。济令清。（笨曲并酒/第六十六/394）

济出，炊一半，酘酒中。（同）

女曲、粗米各二斗，清水一石，渍之一宿，济取汁。（作酢法/第七十一/434）

辨析：

"滤、漉、济"在"过滤"义上构成同义关系，都是分离出渣滓和液汁。

"滤"，《集韵·御韵》"滤，洗也，澄也。"如白居易《送文畅上人东游》诗："山宿驯溪虎，江行滤水虫。"《要术》有 6 例是以绢滤乳，1 例以绢滤渣，1 例以蓬草滤滓，还有 1 例直接指滤去滓秽。《汉语大字典》："'滤'：用纱布、木炭等除去杂质，使液体变得纯净"。"滤"一般指去掉渣滓得到纯净的液体。

"漉"起先有"使干涸，竭尽"义，《礼记·月令》："〔仲春之月〕毋竭川泽，毋漉陂池，毋焚山林。"陆德明《释文》："漉，竭也。"后引申为"使得液体往下渗流干"义。《汉语大词典》所收的"过滤"义，书证引白居易《黑潭龙》诗："家家养豚漉清酒，朝祈暮赛依巫口。"其实在《要术》中已经出现了这种用法，还形成了双音词如："漉酪"表示"将牛羊乳过滤炼成食品"。与"滤"不同的是，他在过滤后需要得到的东西既可是渣滓："漉滓捣而煮之"；也可以是液体："以罗漉去皮子"。《要术》"漉出"连用的有 12 次，"漉取"的 5 例，"漉去"也有 6 次。"漉"取舍的可以是混合物的任何一种。

"济"是"泲"的借字。《周礼·天官·酒正》"一曰清。"郑玄注："清，谓醴之泲者。"孙诒让正义："凡泲皆谓去汁滓。"《校释》："'济'古文作'泲'……是济渡，表示和水分离，又通'挤'则是挤出水液中的固体成分，都和漉或者过滤有同样的作用"。汪维辉则认为："'济'同'泲'。漉，过滤。《汉语大字典》'济'字条下……孙诒让正义：'凡泲皆谓去汁滓'"这样看来，"济"取的一般还是液体，不过在过滤的方式上，采用了挤压，压榨迫使混合物分离。如："渍之一宿，济取汁。"

语义上，"滤""漉"表示向下沥干，分离混合物。前者强调得到的是纯净的液体，后者取舍的可以是渣滓也可是液体。"济"不是自然沥干，而是用了挤压的方式。

语法语用上，"滤"用例 8 次，"漉"有例 22 次，"济"用例 3 次，"漉"比较活跃，是当时的核心的词汇。"漉"后接趋向动词并带宾语有"～出""～去""～取""～著""～下"，及表结果的补语"～干""～尽"。但"滤"的语法功能也不弱，不但可以单用，接宾语和补语的形式也是多样的，如"未滤之前"，"又以绢滤麹汁于瓮中"。同时像"漉"一样，"滤"出现了"～去""～著""～取""～讫"等固定的组合。所以，这时应该出现了"漉"占优势，但"滤""漉"相互竞争的局面。

2.2.6 挹、酌（抒）、接（挹出）

2.2.6.1 "接"

"接"在《要术》中用了 47 次，引用 8 次，主要 6 个动词义项：

用作"撇取"义 2 次。

好日无风尘时，日中曝令成盐，浮即接取，便是花盐，厚薄光泽似钟乳。（黄衣、黄蒸及糵/第六十八/417）

其上有白醭浮,接去之。(作酢法/第七十一/430)

"捞出"义用了12次,例如:

大盆盛冷水着瓮边,以手接酥,沈手盆水中,酥自浮出。(养羊/第五十七/318)

"连接"义10次,例如:

足迹相接者,亦可不烦挞也。(种谷/第三/45)

"靠近"义6次,例如:

小雨不接湿,无以生禾苗;大雨不待白背,湿辗则令亩瘦。(种谷/第三/44)

用作"舀"义有9次,用例如:

接取白汁,绢袋滤,着别瓮中。(种红蓝花、栀子/第五十二/265)

接取清者,然后押之。(法酒/第六十七/408)

2.2.6.2 "挹"

"挹"在《要术》中用了14次,只有1个义项,用例如下:

水浸石灰,经一宿,挹取汁以和豆黏及作面糊则无虫(造神曲并酒/第六十四/360)

常置一瓠瓢于瓮,以挹酢;若用湿器、咸器内瓮中,则坏酢味也。(作酢法/第七十一/430)

以碗挹取叟(竹头)中汁,浇四畔糠糟上。(作酢法/第七十一/430)

以小杓子挹粉著铜钵内,顿钵著沸汤中。(作酢法/第七十一)

2.2.6.3 "贮"

"贮"在《要术》中用了18次,其中《杂说》2次,有3个义项:

"盛"义使用4次,用例如:

贮汁于盆中,搦黍令破,泻着瓮中,复以酒杷搅之。(造神曲并酒第

六十四/362）

"贮藏"义使用 7 次，用例如：

押讫，还泥封，须便（513）择取荫屋贮置，亦得度夏。（造神曲并酒/第六十四/363）

"舀"义使用 8 次，用例如：

接去清水，贮出淳汁，着大盆中，以杖一向搅——勿左右回转——三百馀匝，停置，盖瓮，勿令鹿污。（种红蓝花、栀子/第五十二/263）

澄清，泻去水，别作小坑，贮蓝淀着坑中。（种蓝/第五十三/270）

辨析：

"挹、贮（抒）、接"在"舀"一义上构成同义关系。

"接"，《说文·手部》"接，交也"本指"接交活动"，后来凡是两者相连接发生关系的都可以说"接"。比如，"阴阳相接""足迹相接"等。其舀取"义是指"从一个容器移动到另一个容器"，应该是从"连接"义引申过来的。《汉语大词典》认为："'接'念 chā 通'扱'，表'收取；挹取。'《周礼·地官·廪人》：'大祭祀则共其接盛。'郑玄注；'接，读为壹扱再祭之扱。'北魏·贾思勰《齐民要术·作酢法》：'其上有白醭浮，接去之。'"我们认为表"舀取"义与其"交接"义还是有关的，不应该把它当成是通假。"接"在表示对混合物的分离处理时有三种情况，这三种情况都是跟"接交"相关：（1）"捞出"也是把水液上的东西弄走，不过采用的是网状工具或其他工具。如"大盆盛冷水着瓮边，以手接酥，沈手盆水中，酥自浮出。（养羊/第五十七/318）"这个义项上与"搦"形成同义关系。（2）"撇取"指的是"从液体表面，把浮起的东西用工具往外拨弄走"要的是干净的液体。如"其上有白醭浮，接去之。"这个义项上，"接"跟"掠"构成同义关系。（3）"舀出"指的是"挹出水液"。这里"义项"内部又有区别，一种要的就是液体，如"接取白汁"；

一种不要液汁，如"接去清水，贮出淳汁"。

"贮"，《说文》："贮，积也"《校释》："'贮'就是贮藏，'贮出'指从一个容器拿出装入另外一个容器，义同'倾出''挹出'。有时迳称'贮'"（P269）他在《齐民要术导读》：《要术》的贮，作为特殊用词，就水液来说，相当于上述的接。贮，实际上借作'抒'字用，就是挹、舀的意思"。[25] 与"接"不同的是它舀出的液体一般是有用的，如："贮出淳汁，着大盆中""贮蓝淀着坑中"。

"挹"，《说文·手部》"挹，抒也"，《广雅·缉韵》："挹，酌也"表示"以瓢舀取"。《诗·小雅·大东》："维北有斗，不可以挹酒浆。"与前两者相比较强调的是工具，必须是用"瓢"如"常置一弧瓢于瓮，以挹酢"。

语义上，"接""贮"表示"舀取"义对于液体的处理方法不同，前者可要可不要，后者一般是要把液体另置，别有他用。"挹"则强调必须要用"瓢"一类的容器。如"以大杓挹取胶汁，泻著蓬草上"还有"小杓""碗""弧瓢"等。语法语用上，"接"9次，"挹"14次，"贮"8次。词频差异不大，"挹"相对出现次数较多，有"初挹""仍挹""复挹"等受副词修饰的情况。

2.2.7（渫、煠）、沙、瀹（汋）（暂煮）

2.2.7.1"渳"

在《要术》中用了2次，表示"在汤中暂煮而出"，例如：

未尝渡水者，宜以鱼眼汤渳半许半生用。（八和齑/第七十三/449）

生蒜难捣，故须先下。舂令熟；次下渳蒜。（八和齑/第七十三/449）

"渫"在《要术》中用了2次。1个义项表"暂煮"，如：

作胡荾菹法：汤中渫出之，着大瓮中，以暖盐水经宿浸之。（种胡荾第

二十四 /150 ）

作裹菹者，亦须渫去苦汁，然后乃用之矣。（种胡荽 / 第二十四 /150 ）

"煤"在《要术》中用了 6 次。1 个义项表"把食物放入汤或煮沸的油里弄熟"，例如：

当时随食者取，即汤煤去腥气。（素食 / 第八十七 /529 ）

汤煤去腥气。（同上）

收好菜，择讫，即于热汤中煤出之。若菜已萎者，水洗，漉出，经宿生之，然后汤煤。煤讫，冷水中濯之，盐、醋中。熬胡麻油着，香而且脆。（作菹、藏生菜法 / 第八十八 /532 ）

2.2.7.2 "沙"

"沙"在《要术》中用了 24 次。名词"沙子"16 次，专有名词 2 次，形容词 1 次，动词义有：

"淘洗"义 2 次，例如：

净淘沙，研令极熟。（八和齑 / 第七十三 /449 ）

表"暂煮"义 6 次，例如下：

莼细择，以汤沙之。（羹臛法 / 第七十六 /466 ）

菰菌鱼羹："鱼，方寸准。菌，汤沙中出，擘。……洗，不沙。（同上）

2.2.7.3 "瀹"

"瀹"在《要术》中用了 8 次。引用 4 次，其他 4 例都是"暂煮"义，例如：

瀹鸡子法：打破，泻沸汤中，浮出，即掠取，生熟正得，即加盐醋也。（养鸡 / 第五十九 /333 ）

白瀹瀹，煮也。（菹绿 / 第七十九 489 ）

一法：以薄灰淹之，一宿，出，蟹眼汤瀹之。出熇，内糟中。可出蕨时。"《食经》（作菹、藏生菜法 / 第八十八 /537）

"汋"在《要术》中用了2次。1个义项表示"暂煮"都是引用的情况：

郭璞注云："颇似葵而叶小，状如藜，有毛。汋啖之，滑。（五谷、果蓏、菜茹非中国物产者 / 苋葵七三 /669）

皆可生食，又可汋，滑美。《诗义疏》（养鱼 / 第六十一 /344）

辨析：

"渫（瀹、煤）、沙、瀹（汋）"在"暂煮以脱腥苦味"义上构成同义关系。

"渫"，《说文·水部》"渫，除去也。从水，枼声。"本义是掏去井中污泥，有"清洁"之义。后引申为"把食物放在沸水中刷热"，如："汤中渫出之。"带有"清洁"之义，就是在汤中稍微煮一下，洗刷掉上面的某些物质，一般为了除去腥、苦之味，如"亦须渫去苦汁"。

"煤"，《广雅·释诂二》"煤，渫也。"《广韵·洽韵》"煤，汤渫。"《要术》里面就有："汤煤去腥气。（素食 / 第八十七 /529）"缪启愉把它跟"渫"处理为异体字的关系很有道理，他们不但读音相同，语源义也很类似。"煤"还有一个义项为："放入沸油中处理"如：宋苏轼《十二时中偈》："百衮油铛里，恣把心肝煤。"所以石声汉在他的注中："在沸水中煮叫'渫'，在沸油中煎叫'煤'。"[27]《要术》中没有出现这样的例子，但是有几处却表现出是用"高温"的汤，如："即于热汤中煤出之"。另外的淖和涵，如"热汤暂煤之"与此情况类似不再作说明。

"汋"本义是激水声。《汉语大字典·水部》"同瀹，刷；煮。《广韵·叶韵》'瀹'《说文》'内肉及菜汤中薄出之'。"《公羊传·桓公八年》"夏曰汋"，何休注："麦始熟可汋，故曰汋。"《阮元校勘记》引段玉裁曰："此汋当作汋。以汋释汋，同音训诂法也。汋亦作瀹。"它跟"瀹"异体字。"瀹"的本义是

"浸泡"，由此义引申为"在肉汤中暂煮而出，"《玉篇·水部》"瀹，煮也。内肉菜汤中而出"如："一宿，出，蟹眼汤瀹之。"与前者"渫、煠"不同的是，必须是在"菜跟肉汤中"煮。如"白瀹瀹，煮也。"在白水中煮要特别指出。

"沙"在历代的字典中看不到有"暂煮"这个义项。《校释》认为："沙，下文屡见，是《食经》特用词。按'煠'、'淖'等字，也有用'汋'字和借用'焯''淖'等字的……'沙'就是'煠'的借音字"。但是汪维辉认为，二者语音相差较远，由"沙"的平声很难转入入声，不是同一个字。[28] 这样的话，可能是从"沙"的一个义项"淘洗"义引申过来的，表示把食物在汤水中"淘洗"。从文中的用例来看，我们还是暂时将它独立的归入这一组。

语义上，"渫"一般表示在水中暂煮，"煠"的相对温度要高一些，有时还指在沸油中弄个半熟。"瀹（汋）"则需要在"菜跟肉汤中"煮。"沙"在《要术》中的对象为菌，表示很短的时间内用热水烫去植物脏东西和异味。语法上，除了"煠"外其他的一般不能直接接宾语，如"亦须渫去苦汁"与"蟹眼汤瀹之"。语法语用上，"渫""煠""活"三个通假字共用 10 例，"沙" 6 例，"瀹（汋）" 4 例。"活"处于优势地位。

2.2.8 食、啖、吃、茹（吃）

2.2.8.1 "食"

"食"在《要术》中用了 448 次。引用达 227 次，名次词组有"寒食""食货""食场"等有 13 个，名词用了 63 次，其余的都用作"吃"义共次有 161 次（有些名词在引用之列）。例如下：

食瓜时，美者收取，即以细糠拌之，日曝向燥，挼而簸之，净而且速也（种瓜第十四/110）

六月种者，根虽粗大，叶复虫食；（蔓菁/第十八/132）

子母同圈，喜相聚不食，则死伤。（养猪/第五十八/328）

鸡肉不可食小儿，食令生蚘虫，又令体消瘦。《养生论》（养鸡/第五十九/334）

2.2.8.2 "啖"

"啖"在《要术》中用了45次。有30例是引用，15例作动词"吃"义，例如下：

谚曰："生啖芜菁无人情。"（蔓菁第十八/133）

若干啖者，以林檎麨一升，和米麨二升，味正调适。（奈、林檎/第三十九/215）

岁常绕树一步散芜菁子，收获之后，放猪啖之，其地柔软，有胜耕者。（种桑、柘/第四十五/230）

尤宜新韭"烂拌"。亦中炙啖。（作宰（月旁）、奥、糟、苞/第八十一/506）

2.2.8.3 "吃"

"吃"只有1例：

十五日后，方吃草，乃放之。（养羊/第五十七/314）

2.2.8.4 "茹"

"茹"在《要术》中用了36次。名词12次，形容词1次，动词义23次（包括引用）其中表"围裹"义20次，例如：。

以毡、絮之属，茹瓶令暖。（养羊/第五十七/316）

"填塞"义1次，如：

以茅茹腹令满。（炙法/第八十/496）

"吃"义2次：

不能茹草饮水，不耕不食。《谯子》（序2）

合浦有菜名'优殿'，以豆酱汁茹食之，甚香美可食（五谷、果蓏、菜茹非中国物产者/菜茹五十/625）

辨析：

"食、啖（噉）、吃（喫）、茹"在"吃"义上构成同义关系。

"食"，《说文》"食，一米也。"《书·无逸》："自朝至于日中昃，不遑暇食。"段玉裁《说文解字注》认为是："集众米而成食"。"食"作名词可以表示食物的通称，作动词其用法非常宽泛，可以泛指吃一切东西，只要表把食物放入嘴中经咀嚼咽下的这个行为都叫"食"，如："子母同圈，喜相聚不食，则死伤。""食"还能用于对液体的"吃"，《要术》："先以粳米为粥糜，一顿饱食之，名曰'填嗉'。（养鹅、鸭/337）"就是指吃流质的食品，不需要咀嚼。段玉裁又在"食"字下又注："食者自物言"，侧重于它的行为性的对象。

"啖"，《说文》"啖，噍啖也。从口，炎声。"《墨子·鲁问》："楚之南有啖人之国者。"可以指"吃人"，但《要术》中绝大部分被吃的对象是植物（野菜也包括蔬菜、水果），且一般是生吃，如："生啖芜菁无人情"；"岁常绕树一步散芜菁子，收获之后，放猪啖之"。表"炙啖"的很少，只有 1 例。在语法上，"啖"的 15 例中有 5 例后面不能接宾语，其他的大多以"啖之""啖此"的形式出现。

"茹"，《说文》"茹，饲马也"。一般是指吃粗食，《方言》："茹，食也。吴越之间凡贪饮食者谓之茹，今俗呼能粗食者为茹。"茹多指食菜（野菜），古代穷人靠它糊口，所以称之粗食。《要术》中的 2 例各是指吃"草""野菜"。

"吃"本来是指"口吃"，后来引申为"吞咽一切东西"。此书用例不多，但后面已经能够接宾语了。

另外"食、啖、吃"，其施事可以是人也可以是物，"茹"的施事一般是人。"食"可以带宾语，用作使动、为动：鸡肉不可食小儿，食令生蚘虫，又令体消瘦。《养生论》（养鸡/第五十九/334）。六月种者，根虽粗大，叶复虫食；（蔓菁/第十八/132）。还能被很多状语修饰（包括数词）如："先以粳米为粥糜，一顿饱食之，名曰'填嗉'。（养鹅、鸭/第六十/337）"，有时可以作定语，如："食瓜时，美者收取，即以细糠拌之，日曝向燥，接而簸之，净而且速也（种瓜/第十四/110）"。"啖"只能被"干""生"等少数词语修饰，作状语。如：谚曰："生啖芜菁无人情。"（蔓菁/第十八/133）。"吃"可以接受时间副词修饰，直接接宾语。

语义上，"茹"的对象是野菜，粗食；"啖"对象是一般是植物（野菜也包括蔬菜、水果），且是生吃。"食"的用法很广，凡是能经咀嚼咽下的都可，甚至包括不需要咀嚼的流质食物。语用上，"食"有161例，"啖"15例，"吃"1例，"茹"2例。"食"明显是该语义场的核心词汇。

2.2.9 浥（裛）、败、坏、动（变质）

2.2.9.1 "浥"

"浥"在《要术》中用了38次，其中"浥浥"连用10次，"郁浥"合用6次，"浥郁"8次。只有4次单用（都是"湿热变质"义）：

葵子虽经岁不浥，然湿种者，疥而不肥也。（种葵第十七/126）

若遇阴雨则浥，浥不堪染绛也。（种棠第四十七/249）

作浥鱼法：四时皆得作之。（脯腊第七十五/460）

"裛"在《要术》中用了12次，"郁裛"3次，主要有2个动词义项：

"包裹"6次，例如：

子有两人，人各着，故不破两段，则疏密水裛而不生（种胡荽/第二十四/148）

"湿热变质"3次：

裛者，不中为种子，然于油无损也。（胡麻/第十三/108）

拔根悬者，裛烂，又有雀粪、尘土之患也。（种兰香/第二十五/153）

热则非咸不成，咸复无味，兼生蛆；宜作裛鲊也。（作鱼鲊/第七十四/454）

2.2.9.2 "败"

"败"在《要术》中用了 21 次，引用 7 次，名词词组"伤败"2 次，形容词 1 次，作动词主要有 3 个义项：

"毁坏"2 义次，例如下：

此为长存，永不穿败。（养羊/第五十七/314）

"破烂"5 义次，例如：

世人见漆器暂在日中，恐其炙坏，合着阴润之地，虽欲爱慎，朽败更速矣。（漆/第四十九/250）

"变质"义 10 次，例如：

非直滋味倍胜，又得夏暑不败坏也。（种桃柰/第三十四/192）

汁极冷，内瓮中，汁热，卵则致败，不堪久停。（养鹅、鸭/第六十/338）

冷则穰覆还暖，热则臭败矣。（作豉法/第七十二/441）

2.2.9.3 "坏"

"坏"在《要术》中用了 34 次，2 个是"阫"字（坏 2）。其中引用有 9 次，形容词 3 例，动词主要有 2 个义项：

"毁坏、败坏"12 义，例如：

若用湿器、咸器内瓮中，则坏酢味也。（作酢法/第七十一/429）

"变质"义 8 次，例如下：

厨上者已干，虽厚一尺亦不坏。（种枣/第三十三/183）

得经数年不坏，以供远行。（养羊/第五十七/317）

虽有妊娠妇人食之，酱亦不坏烂也。（同上）

2.2.9.4 "动"

"动"在《要术》中用了26次，都是动词，有"翻动""振动""搅动"等词组。其中1例的义项不明，待考："用功盖不足言，利益动能百倍。（种谷/第三/44）"

"褪落"义1次：

凡雌黄治书，待潢讫治者佳；先治入潢则动。（杂说/第三十/164）

"萌动"义2次（其中1次为"萌动"词组）：

至春桃始动时，徐徐拨去粪土，皆应生芽，合取核种之，万不失一（种桃柰/第三十四/190）

"移动"义9次，例如：

埋之欲深，勿令挠动。（园篱/第三十一/179）

"变质"义10次，例如：

其春酒及馀月，皆须煮水为五沸汤，待冷浸曲，不然则动。（造神曲并酒/第六十四/365）

常洗手剔甲，勿令手有咸气；则令酒动，不得过夏。（笨曲并酒第六十六/388）

三年停之，亦不动。（笨曲并酒/第六十六/391）

辨析：

"浥（裛）、败、坏、动"在"变质"义上构成同义关系。

"浥（裛）"，《说文·水部》："浥，沥也。"指的是"湿润"。《诗·召南·行露》："厌浥行露，岂不夙夜？谓行多露。"《毛传》："厌浥，湿意也。"《校释》："'郁裛'或者单称'浥'或'裛'指受潮发热，因而损坏了种子。"《校释》还说："裛：指密闭着使湿热相郁从而窝坏"，如："纸袋笼而悬之，置于瓮则郁浥；（脯腊/第七十五/459）"。简单说来，就是物体因湿热，引起自热而变质，如："若遇阴雨则浥"。

"败"，《说文》"败，毁也。"一般是指受外力而导致毁坏。由"破坏"义再引申为"腐烂变质"。《论语·乡党》："鱼馁而肉败，不食。""败"这种变质可能程度比较深，已经没有了原来的外形，近似于"腐"。如："虽欲爱慎，朽败更速矣。（漆/第四十九/250）"；"此既水谷，窖埋得地气则烂败也。（水稻第十一/100）"而且"败"往往强调变质后的气味，如："冷则穰覆还暖，热则臭败矣。（作豉法/第七十二/441）"

"坏"，《说文》"坏，败也。"本义为"破败"，一般是指因时间长，导致东西自然毁坏。引申为"变质"义，这种倾向性不强，但还是可以看出，如："得经数年不坏"意思是如果你不去人为破坏的话，就不会自然变质；"虽厚一尺亦不坏"，表不会自动变质。

"动"，《说文》"动，作也。"它的本义是"行动、活动"，与"静"相对，又有"变动"之义。"动"作"变质"义时，强调引起这种不良变化的原因，如："不然则动"；"勿令手有咸气；则令酒动，不得过夏。"另外，在表"变质"义时（10 次），多用于酿制品（7 次）。

语义上，"浥"表示因湿热闷坏变质；"败"表示受外力的影响而导致的完全毁坏腐烂变臭的变质；"坏"强调时间长而自然产生的变质；"动"表示因方法不当已经起了变化的变质。语法语用上，"浥（裛）""败""动"各用了10 次，"坏"有 8 例表示"变质"义。在词频和语用上差异不是很大，改组同义词在《要术》时代应该处于竞争阶段，没有一个词处于核心词汇的地位。

2.2.10 摊（掸）、布、敷、铺、排、施、罗、薄（摊开）

2.2.10.1 "摊"

摊"在《要术》中用了 25 次，都是动词，有仅有"摊开"1 义。

匀摊，耕，盖著，未须转起。（杂说/24）

鸡鸣更捣令均，于席上摊而曝干，胜作饼。（种红蓝花、栀子/第五十二/365）

于席上摊黍饭令极冷，贮出麹汁。（造神麹并酒/第六十四/491）

还摊黍使冷，酒发极暖，重酿暖黍，亦酢矣。（同上）但黍饭摊使极冷，冬即须物覆瓮。（笨麹并酒/第六十六/519）

槌箔上敷席，置麦于上，摊令厚二寸许，预前一日刈薍叶薄覆。（黄衣、黄蒸及蘖/第六十八/532）

摊去热气，及暖于盆中以蘖末和之，使均调。（饧餔/第八十九674）

2.2.10.2 "布"

"布"在《要术》中用了 100 次，名词 44 例，"摊开" 26 例，"播种" 义 5 例，"展开" 义 5 例，"放置" 义 18 例，传播义 2 例。

"摊开" 义例如下：

每日布牛脚下，三寸厚；每平旦收聚堆积之；还依前布之，经宿即堆聚。（杂说/24）

著席上，布令厚三四寸，数搅之，令均得地气。（种麻/第八/118）

倒刈，薄布，顺风放火。（大小麦/第十/127）

收葱子，必薄布阴干，勿令浥郁。（种葱/第二十一/199）

作干者，大晴时，薄地刈取，布地曝之。（种兰香/第二十五/214）

要须载取薮泽陂湖饶大鱼之处、近水际土十数载，以布池底，二年之内，即生大鱼。（养鱼第六十一/461）

净扫东向开户屋，布麹饼于地，闭塞窗户，密泥缝隙，勿令通风。（造神麹并酒/第六十四/481）

竖槌，布艾橡上，卧麹饼艾上，以艾覆之。（笨麹并酒/第六十六/505）

如是次第布讫，下水煮之，肉作琥珀色乃止。（蒸缹法/第七十七/600）

"播种"义例如下：

师古曰：播，布也。（耕田/第一/93）

以升盏合地为处，布子于围内。（种韭/第二十二/203）

"展开"义例如下：

凡大、小豆，生既布叶，皆得用铁齿漏（金旁）榡纵横杷而劳之。（小豆/第七114）

"传播"义例如下：

椹麦未熟，乃顺阳布德，振赡穷乏，务施九族，自亲者始。（杂说/第三十/233）

"放置"义例如下（另有"布置"5例）：

布椽于箔下，置枣于箔上，以杋聚而复散之，一日中二十度乃佳。（种枣/第三十三/263）

布豆尺寸之数，盖是大率中平之言矣。（作豉法/第七十二/561）

2.2.10.3 "敷"

"敷"在《要术》中用了8次，名词1例，"摊开"义5例，"展开"义2例（均为"敷张"连用）。

"摊开"5例，如下：

二年敷卧，小觉垢黑，以九月、十月，卖作靴毡。（养羊/第五十七/427）

夏月敷席下卧上，则不生虫。（同上）

于笼中高处，敷细草，令寝处其上。（养鹅、鸭/第六十/455）

槌箔上敷席，置麦于上，摊令厚二寸许。（黄衣、黄蒸及蘖/第六十八/532）

明日，出，蒸之，手捻其皮破则可，便敷于地。地恶者，亦可席上敷之——令厚二寸许。（作豉法/第七十二/562）

"张开"义2例：

其花色紫。高百丈，敷张自辅。（五谷一/705）

2.2.10.4 "铺"

"铺"在《要术》中用了2次，均为"摊开"义。例如下：

但对梢相答铺之，其白者日渐尽变为黑，如此乃为得所。（杂说/25）

若不种豆、谷者，初草实成时，收刈杂草，薄铺使干，勿令郁浥。（养羊/第五十七/426）

2.2.10.5 "排"

"排"在《要术》中用了2次，表"摊开"义5例，且均为来自《食经》）。

二十七日，出，排曝令燥。（作豉法/第七十二/563）

乃蒸如炊熟久，可复排之。此三蒸曝则成。（同上）

2.2.10.6 "施"

"施"在《要术》中用了8次，单用7次。表"摊开"义1例，"设置、安放"义5例，"给予"义1例。

"施加、给予"义，例如下：

椹麦未熟，乃顺阳布德，振赡穷乏，务施九族，自亲者始。（杂说/第三十/226）

"设置、安放"义，例如下：

割却碗半上，剜四厢各作一圆孔，大小径寸许，正底施长柄，如酒杷形。（养羊/第五十七/435）

竖长竿于圈中，竿头施横板，令猕猴上居数目，自然差。（同上439）

长作木匕，匕头施铁刃，时时彻底搅之，勿令著底。（煮胶/第九十/679）

匕头不施铁刃，虽搅不彻底，不彻底则焦，焦胶胶恶，是以尤须数数搅之。（同上 679）

先于庭中竖槌，施三重箔摘（木旁），令免狗鼠，于最下箔上。（同上 680）

"摊开、铺放"义，例如下：

细施灰，罗瓜著上，复以灰覆之。（作菹、藏生菜法/第八十八/661）

2.2.10.7 "罗"

"罗"在《要术》中用了 6 次，名词 2 例，"摊开"义 2 例（均源于《食经》），"用罗筛东西"义 2 例

"用罗筛东西"义例如下：

入五月中，罗灰遍著毡上，厚五寸许，卷束，于风凉之处阁置，虫亦不生。（养羊/第五十七/428）

净簸择，细磨。罗取麸，更重磨，唯细为良，粗则不好。（涂瓮/第六十三/490）

"摊开、铺开"义例如下：

一石麹作"燠饼"：编竹瓮下，罗饼竹上，密泥瓮头。（法酒/第六十七/525）

细施灰，罗瓜著上，复以灰覆之。（作菹、藏生菜法/第八十八/662）

2.2.10.8 "薄"

"薄"在《要术》中用了 138 次，除了 6 例为专有名词的词素，1 例为"摊开"义，其他 131 处皆为副词。

用生胡叶覆上以经宿，勿令露湿——特覆麹薄遍而已。（白醪麹/第六十五/501）

2.2.10.9 "揰"

"揰"在《要术》中用了10次,均表"摊开"义。

下,揰去热气,令如人体,于盆中和之。(作酢法/第七十一/548)

熟便下,揰去热气,与糟相拌,必令其均调,大率糟常居多。(同上/555)

漉著净地揰之,冬宜小暖,夏须极冷,乃内荫屋中聚置。(作酢法/第七十二/561)

辨析:

"摊、布、敷、铺、排、施、罗、薄"在"摊开"义上构成同义关系。

"摊"《说文》摊,开也。《汉语大词典》引《齐民要术·种红蓝花栀子》:"於蓆上摊而曝乾。"表"平铺;展布"义。就是用手使物体向平面离散、展开,强调由集中向分散、分离的过程。如"以净席薄摊令冷""摊令绝冷""摊待温温以浸麹"。主要对象为米、豆、种子、花之类的细小物体,

"布"本指用麻、葛、丝、毛及棉花等纤维织成的可制衣物的材料,有纤维的交错引申为"布置铺放",一般讲有规律地铺排在平面上。《要术》中"布"的用例较多,除了主要表示将物体"平摊"外,还表示其摊开的厚度比较大:"著席上,布令厚三四寸","每日布牛脚下,三寸厚","收葱子,必薄布阴干"。

"敷"。"尃"隶省作"敷"。尃,陈也。《尚书》:文命敷于四海。引申为为"铺开"义。但由于词源中有"陈"义中含有"展示""呈现"的意思,所以"敷"多为将一个完整的东西展开。《要术》中5例,有2例是指"席子",其余分别指"被子""皮子"此类的东西"摊开"。其他一例"于笼中高处,敷细草,令寝处其上"强调展开动作的结果。

"铺"《说文》铺:著门铺首也。《大雅》"鋪敦淮濆。"鋪,布也。布其师旅也。"铺"由此有了"陈列"义。"铺"表"摊开"义时强调展开的有序和

整齐。《要术》中的 2 例可以看出："但对梢相答铺之"讲究两梢相对、整齐划一；而"薄铺使干，勿令郁浥"为了更快地晒干，除了"薄"以外，越是整齐越容易达到目的。

"排"《说文》"排，挤也。一曰推也。"后引申为"排列"义。在《要术》中的两个用例还留有"多而杂乱、需要尽量整齐摊开"的意义。"排曝令燥""乃蒸如炊熟久，可复排之。此三蒸曝则成。"相对于这一组其他的词，"排"强调就是将杂乱的东西更好摊开。

"施"从㫃。也聲。《说文》：旗旖施也。旗帜飘动的样子。后引申出"散布"和"放置"义。《易·乾》："云行雨施，品物流形。"在《要术》中仅有 1 例"细施灰，罗瓜著上，复以灰覆之。""施"跟"罗"和"覆"对应，表示三种动作，先是将灰薄薄地摊开做底，然后将瓜子排放在灰上，最后以厚灰盖上。这个"摊开"义有"撒"和"拨"两个动作。

"罗"捕鸟的网。《诗·王风·兔爰》："有兔爰爰，雉離于罗。"也有"陈列"义。《楚辞·招魂》："轩輬既低，步骑罗些。"在《要术》中的两例"编竹瓮下，罗饼竹上"，"罗瓜著上，复以灰覆之。"都是指将"瓜子"和"饼"一类的东西排开摊于容器上或地里。"罗"摊开物体的距离相对比较大，强调整齐划一。

"薄"：不入之丛也。按林木相迫不可入曰薄。后引申为厚度小。《要术》中的 1 例的"摊开"义，"用生胡叶覆上以经宿，勿令露湿——特覆麹薄遍而已。"意思为：用生胡叶盖上整晚露天放在屋外，不要让露水打湿就行。具体的方法是将生胡叶摊开只稍为遍及麹面即可。也有人认为这里的"薄"是表程度义为"薄薄地"，"薄遍而已"为补语。如果这样的话，那"薄遍"为"薄薄地全部盖上"。此处存疑，待进一步研究。"薄"表"摊开"义主要强调物体摊开得比较彻底。

语义上，"摊"强调物体的离散，是一般性的泛指动词；"布"表平摊且

一般比较铺开得比较厚；"敷"多表示将一个东西完整地展示出来；"铺"强调
摊开的整齐有序；"排"强调原来的物体多而杂乱、需要尽量整齐摊开；"罗"
摊开物体的距离相对比较大，强调整齐划一。"施"与"薄"的用例少其义位
归纳存在一定的不确定性，如"施"即便有撒和拨弄、摊开之义，但其是归
于上位义"撒"还是"摊开"？以及"薄"的"摊开"义位的归纳也存在不确
定性。而且"摊"一般动作的对象为细小的物体，"敷"为席子、皮子、被子
一类平面整体的物体。

语法语用上，"摊"用例25次，"布"用例26次，"敷""排"各5次，
"铺""罗"各2次，"施"与"薄"各1次。"摊"接宾语和补语的情况多，
经常出现"摊去""摊令""黍使"等标志性的结构。如"摊令厚二寸许""还
摊黍使冷"，及"摊极冷""摊温温"这种直接接补语。单用也比较多"于席
上摊而曝干""摊之"。"布"的情况基本等同于"摊"，但多用于动宾结构，
动补较少如"必薄布阴干""布麦于席上"。可以看出"摊""布"为这一时期
的核心词汇，并处于激烈竞争的状态，不过相对而言"摊"的语法功能更活
跃些。

2.2.11 泥、糊、涂、塞、封（涂抹、堵塞至封闭）

2.2.11.1 "泥"

"泥"在《要术》中用了138次，名词用21例，形容词3例，动词"涂
抹、堵塞至封闭"51例，其中引用《杂五行书》1例，《食经》2次。

"涂抹、堵塞至封闭"义例如下：

既生，长二尺馀，便总聚十茎一处，以布缠之五寸许，复用泥泥之。（种
瓠/第十五/167）

率一石，以酒一升，漱著器中，密泥之。（种枣/第三十三/264）

欲得荫树下。亦有泥器口，三七日亦有成者。（种桑、柘/第四十五/327）

泥屋用"福德利"上土。（种桑、柘/第四十五/333）

七月中作坑，令受百许束，作麦得（禾旁）泥泥之，令深五寸，以苫蔽四壁。（种蓝/第五十三/374）

凡以猪槽饲马，以石灰泥马槽，马汗系著门：此三事，皆令马落驹。（养牛、马、驴、骡第五十/406）

瓮泥封交即酢坏。（涂瓮/第六十三/492）

裂则列泥，勿令漏气。（笨麹并酒/第六十六/511）

2.2.11.2 "糊"

糊"在《要术》中用了 6 次，名词用 2 例，动词"涂抹"义 2 例，"涂抹、堵塞至封闭"义 2 例。

"涂抹至封闭"义如下：

上牍车篷𥐫及糊屏风、书帙令不生虫法：（杂说/第三十/233）

屋欲四面开窗，纸糊，厚为篱。（种桑、柘/第四十五/332）

"涂抹"义如下：

以故布广三四寸，长七八寸，以粥糊布上，厚裹蹄上疮处，以散麻缠之。（养牛、马、驴、骡/第五十/412）

用故纸糊席，曝之。（涂瓮/第六十三/490）

2.2.11.3 "涂"

"涂"在《要术》中用了 64 次，名词用 3 例，动词"涂抹"义 55 例，"涂抹、堵塞至封闭"义 6 例。

"涂抹、堵塞至封闭"义例如下：

墐，谓涂闭之，此避杀气也。（耕田/第一/44）

其房欲得板户，密泥涂之，勿令风入。（涂瓮/第六十三/478）

至二七日，聚麴，还令涂户，莫使风入。（同上）

黄赤色便熟。先以鸡子黄涂之，今世不复用也。（炙法/第八十/618）

四破，以枣、栗肉上下著之遍，与油涂竹箬裹之，烂蒸。（粽壹（米旁）法/第八十三/640）

"涂抹"义例如下：

为帛煎油弥佳。荏油性淳，涂帛胜麻油。（荏、蓼/第二十六/216）

九月。治场圃，涂囷仓，修箪、窖。（杂说/第三十/235）

枣油，捣枣实，和，以涂缯上，燥而形似油也。（种枣/第三十三/264）

2.2.11.4 "塞"

"塞"在《要术》中用了15次，名词用1例，动词"堵住"义5例，"涂抹、堵塞至封闭"义8例，"塞入"义1例。

"堵住"义例如下：

草塞齿，则伤苗。（种谷/第三/67）

"堵塞至封闭"义例如下：

以苇荻塞瓮里以蔽口，合著釜上，系甑带，以干牛粪燃火，竟夜蒸之，粗细均熟。（蔓菁/第十八/188）

十月。培筑垣墙，塞向、墐户。（杂说/第三十/240）

若欲久停者，入五月，内著屋中，闭户塞向，密泥，勿使风入漏气。（种蓝/第五十三/377）

净扫东向开户屋，布麴饼于地，闭塞窗户，密泥缝隙，勿令通风。（涂瓮/第六十三/481）

讫，泥户勿令泄气。七日开户翻麴，还塞户。（涂瓮/第六十三/489）

密泥塞屋牖，无令风及虫鼠入也。（作豉法/第七十二/560）

"塞入"义如下：

瓮须钻底数孔，拔引去腥汁，汁尽还塞。（脯腊/第七十五/580）

2.2.11.5 "封"

"封"在《要术》中用了 47 次，名词用 1 例，动词"涂抹、堵塞至封闭"义 39 例，"塞入"义 1 例，"覆盖"义 2 例，"分封"义 4 例。

"覆盖"义如下：

冻树者，凝霜封著木条也。（黍穄/第四/102）

"堵塞至封闭"义如下：

至后粜浮（麦旁）锁（麦旁），曝干，置罂中，密封，使不虫生。（杂说/第三十/234）

七日之后，既烂，漉去皮核，密封闭之。（种枣/第三十三/268）

插讫，以绵幕杜头，封熟泥于上，以土培覆，令梨枝仅得出头，以土壅四畔。（插梨/第三十七/288）

先作熟囊泥，掘出即封根合泥埋之。（种椒/第四十三/310）

竟夏直以单布覆瓮口，斩席盖布上，慎勿瓮泥；瓮泥封交即酢坏。（造神麴并酒/第六十四/492）

未急待，且封置，至四五月押之弥佳。（笨麴并酒/第六十六/513）

以水五斗渍之，封头。（同上/519）

成脍鱼一斗，以麴五升，清酒二升，盐三升，桔皮二叶，合和，于瓶内封。（作酱等法/第七十/542）

2.2.11.6 "闭"

"闭"在《要术》中用了 16 次，动词"关闭"义 9 例，"涂抹、堵塞至封闭"义 4 例，另有引用 3 次。

"关闭"义例如下：

入五月，内著屋中，闭户塞向，密泥，勿使风入漏气。（种紫草/第五十四/377）

"涂抹、堵塞至封闭"义例如下：

七日之后，既烂，漉去皮核，密封闭之。（种桃柰/第三十四/268）

布麹饼于地，闭塞窗户，密泥缝隙，勿令通风。（涂瓮/第六十三/487）

开户翻麹，还著本处，泥闭如初。（造神麹并酒/第六十四/488）

厚作藁篱以闭户。（作豉法/第七十二/560）

荷叶闭口，无荷叶，取芦叶；无芦叶，干苇叶亦得。（作鱼鲊/第七十四/577）

2.2.11.7 "壅"

"壅"在《要术》中用了7次，动词"堵塞"义2例，"培土"义4例，"涂抹、堵塞至封闭"义1例，。

"堵塞"义例如下：

以土壅其畔，如菜畦形。（种瓜/第十四/158）

"用土或肥料培在植物的根部"义例如下：

耕者，非不壅本苗深，杀草，益实，然令地坚硬，乏泽难耕。（种谷/第三/67）

"涂抹、堵塞至封闭"义例如下：

令著地，条叶生高数寸，仍以燥土壅之。土湿则烂。（种桑、柘/第四十五/317）

辨析：

"泥、糊、涂、塞、封、闭、壅"在"涂抹或堵塞至封闭"义上构成同义关系。

"泥"《汉语大词典》：用稀泥或如稀泥一样的东西涂抹或封固。引用的正是《齐民要术》的用例："率一石，以酒一升，漱著器中，密泥之，经数年不败也"。这里就是用特殊的、农村非常常见的稀泥来达到封闭目的的一种方法，由于其材质常见、易用，所以其用途广泛。可以用于保鲜、育种、抗寒等。相对于同组其他词语，主要强调的是密封的材质。

"糊"同"餬"。一种稠粥。《说文》黏也。一般指用含淀粉较高的植物熬煮成糊状来粘东西。《要术》中有"涂附"和"黏合"两义各两例。其中用纸糊窗户、屏风，表示了涂抹的目的为隔绝封闭，所以取"涂抹至封闭"义项。如："屋欲四面开窗，纸糊，厚为簸"。而其他两例仅仅表涂抹的动作，其目的不是为了封闭。"糊"表"封闭"也是因为强调了其材质为"糊状物"。

"涂"《汉语大词典》：涂，泥也。引申为堵塞。《荀子·正论》："譬之是犹以塼涂塞江海也。""涂"在《要术》里就是用泥巴涂塞，主要包括"涂抹""涂塞"两个方面，而"涂塞"义在句子中有明显的提示标志，表明其目的是为了封闭。如"墐，谓涂闭之，此避杀气也。""至二七日，聚麯，还令涂户，莫使风入。"也有不用不用泥巴的，如"黄赤色便熟。先以鸡子黄涂之，今世不复用也。"。"与油涂竹箬裹之，烂蒸。"（用蛋黄、油涂抹封闭腌制）可以看出，在《要术》体系中，"涂"跟"泥"和"糊"相比已经突破了材质的限制，成为一个泛用的中性动词。表示用"糊状物"材料，使得平面物体粘合进而达到封闭效果。

"塞"《说文》：塞，隔也。从土从寞。有"堵塞、填塞"义。《诗·豳风·七月》："穿窒熏鼠，塞向墐户。"《要术》中的用例不少，也有表单纯动作"堵塞"和强调目的"堵塞至封闭"之分。后者一般句中带有动作目的的补语。如："以苇荻塞瓮里以蔽口""闭户塞向，密泥，勿使风入漏气""密泥塞屋牖，无令风及虫鼠入也。"这里的"塞"表示用物体将孔、洞完全堵住。

"封"，《说文》：爵诸侯之土也。从之从土从寸，守其制度也。后指"地界、边界。"引申为"封闭、堵塞。"《要术》"堵塞至封闭"义用例较多，主要强调堵塞的效果为完全堵住，不使其见光、漏气、通风等，一般可以用蜜、泥、水进行封闭。从其词源来看，从古代严格的边境观念来看，"封闭"义追求与外界的隔绝，其封闭程度较严实。

"闭"。《说文》：闭，阖门也。从门才，才所以距门也。后引申为"封闭"。《要术》中表示"关闭"和"封闭"义同时存在，后者主要指用一定的手段形成一个密闭的空间。"雍"。《广韵》雍，㶟於用切，雍去声。塞也。《要术》中仅有1例，表示将纸条掩埋封闭于泥土中。

从语义上看，"泥"和"糊"强调了"封闭"的材质。而在封闭的形式上，"泥"一般是对缝隙、小开口进行密闭；"糊"则是将一物体黏合在另一物体上进行封闭；"塞"却是将一物填入某处以占满该空间达到封闭的效果；"涂"则是将物体涂抹在另一物体表面以隔绝空气或者达到腌制的目的；"封"强调与外界绝对的隔绝。另外，"涂""糊"本无封闭之义，但在具体语境其动作含有明显的目的性。

语法语用上，作"涂抹或堵塞至封闭"义，"泥"用了51例，"糊"用例2次，"塞"用6例，"涂"出现8次，"封"有39次用例。"泥"和"封"是核心词汇。"泥"的结合能力比较强，出现"泥闭""泥封""密泥"等，后面可接被封闭对象也很多，"泥户""泥口""泥边""泥头"等。也出现同义连用的情况"泥封""泥塞""泥糊""泥涂"等。"封"作为《要术》时期通用的"封闭"义动词语法功能更加活跃。

2.2.12 候、望、观、察、看、视、览（观察）

2.2.12.1 "候"

"候"在《要术》中用了62次，名词用9例，动词"等候"义36例，

"观察"义 15 例，"停留"义 1 例，"伺候"义 1 例。"候看"连用 3 次

"等候"义例如下：

其白地，候寒食后榆荚盛时纳种。（杂 说/24）

"观察"义例如下：

候黍、粟苗未与垅齐，即锄一遍。（同上）

稙禾，夏至后八十、九十日，常夜半候之（收种/第二/84）《氾胜之书》

九月中，候近地叶有黄落者，速刈之。（大豆/第六/110）

数入候看，热则去火。（种桑、柘/第四十五/333）

候如强粥，还出瓮中，蓝淀成矣。（种蓝/第五十三/374）

用米多少，皆候麹势强弱加减之，亦无定法。（造神麹并酒/第六十四/492）

次投（酉旁）七斗，皆须候麹糵强弱增减耳，亦无定数。（造神麹并酒/第六十四/497）

然必须看候，勿使米过，过则酒甜。（白醪麹/第六十五/506）

汲冷水，绕叟（竹头）外均浇之，候叟（竹头）中水深浅半糟便止。（作酢法/第七十一/553）

还作尖堆，勿令婆陀。一日再候，中暖更翻，还如前法作尖堆。（作豉法/第七十二/561）

"停留"义，例如下：

有沈，将用乃下，肉候汁中小久则变，大可增之。（羹臛法/第七十六/593）

2.2.12.2 "望"

望"在《要术》中用了 13 次，名词用 4 例，动词"参考"义 1 例，"观察"义 7 例，引《南方异物志》等 1 例。

"参考"义例如下：

然令人专以稷为谷，望俗名之耳。（种谷/第三/60）

"观察"义例如下：

杏始华荣，辄耕轻土弱土。望杏花落，复耕。耕辄蔺之。（杂说/49）

非直奸人惭笑而返，狐狼亦自息望而回。（园篱/第三十一/254）

望之大，就之小，筋马也；望之小，就之大，肉马也；皆可乘致。（养牛、马、驴、骡/第五十/387）

"凫"间欲开，望视之如双凫。（同上/390）

于今介山林木，遥望尽黑，如火烧状，又有抱树之形。（醴酪/第八十五/644）

2.2.12.3 "观"

"观"在《要术》中用了 7 次，动词仅有"观察"义 7 例，其中来自《与韩康伯笺》《淮南子》《仲长子》《越绝书》各 1 例，贾思勰语仅有 3 例。

"观察"义如下：

盖食鱼鳖而薮泽之形可见，观草木而肥硗之势可知。（序/10）

观其地势，干湿得所，禾秋收了，先耕荞麦地，次耕馀地。（杂说/22）

故观邻识士，见友知人也。（种椒/第四十三/309）

2.2.12.4 "察"

"察"在《要术》中用了 3 次，都为动词"观察"义，其中引《越绝书》1 例。例如下：

每岁时家收后，察其强力收多者，辄历载酒肴，从而劳之。（序/9）

夫知谷贵贱之法，必察天之三表，即决矣。（杂说/第三十/246）

何以察"五劳"？终日驱驰，舍而视之.（养牛、马、驴、骡/第五十/401）

2.2.12.5 "看"

"看"在《要术》中用了 39 次,"观察"义 35 例,"看守"义 1 例,"估量"义 3 例。其中"看""候"连用 3 次。

"观察"义例如下:

看干湿,随时盖磨著切。(杂说/20)

看虽似多,其实倍少。(种葵/第十七/177)

裂薄纸如蓲叶以补织,微相入,殆无际会,自非向明举而看之,略不觉补。(杂说/第三十/227)

良久,清澄,泻去汁,更下水,复抨如初,嗅看无臭气乃止。(奈、林檎/第三十九/298)

先耕地作垅,然后散榆荚。垅者看好,料理又易。(种榆、白杨/第四十六/340)

然要须数看,恐骨尽便伤好处。(养牛、马、驴、骡/第五十/411)

啮看:豆黄色黑极熟,乃下,日曝取干。(黄衣、黄蒸及蘗/第六十八/536)

沥汁,看末后一珠,微有黏势,胶便熟矣。(煮胶/第九十/680)

"看守"义例如下:

或劳戏不看,则有狼犬之害。(养羊/第五十七/423)

"估量"义例如下:

皮尝看,若不大涩,杭子汁至一升。(作菹、藏生菜法/第八十八/666)

尝看之,气味足者乃罢。(笨麴并酒/第六十六/506)

日日常拔,看稀稠得所乃止。(种葵/第十七/178)

2.2.12.6 "视"

"视"在《要术》中用了 13 次,均为"观察"义,其中引用 6 次。

"凫"间欲开，望视之如双凫。（养牛、马、驴、骡第五十 388）

相马视其四蹄：后两足白，老马子。（同上）

三日视之，要须通得黄为可。（作豉法第七十二 564）

屈长五寸，煮之，视血不出，便熟。（羹臛法第七十六 585）

2.2.12.7 "览"

"览"在《要术》中用了2次，均为"观察、观看"义。

卷首皆有目录，于文虽烦，寻览差易。（序 18）

辨析：

"候、望、观、察、看"在"观察"义上构成同义关系

"候"。《汉语大词典》：伺望，侦察。《吕氏春秋·贵因》：武王使人候殷。古代有"候人"专司侦查打探之职。"候"表"观察"义的时候一般强调仔细看，并对情况做出评估之义。《要术》中既有"观察"用例，也有"估量"的用例。表仔细看，如"常夜半候之""数入候看""一日再候"修饰"候"的状语说明观察、关注的强度很大。而且经常根据观察的情况要有下一步的行动，如"候如强粥，还出瓮中，蓝淀成矣""候近地叶有黄落者，速刈之""然必须看候，勿使米过，过则酒甜。"

"望"，本义为"出亡在外，望其还也"。也指向高处、远处看。《诗·卫风·河广》："誰謂宋遠，跂予望之。"一般观察对象距离比较远，观察的结果比较粗放。《要术》用例中看，一般观察的对象是"花、远处、马的轮廓、山林"等，观察的效果为"落下""返回""大""像鸟""黑色的"。（详见上文用例）

"观"。《说文》观，谛视也。谷梁传曰。常事曰视。非常曰观。一般强调有目的地看。如《荀子·强国》："入境，观其风俗，其百姓朴，其声乐不流汙，其服不挑，甚畏有司而顺，古之民也。"《要术》其观察都是带有目的性

的："观草木而肥硗之势可知"是为了找到地方建鱼池；"观其地势，干湿得所"是为了选用耕地；"故观邻识士，见友知人也"是为了识人。

"察"。《汉语大词典》：仔细察看。《易·繫辞上》："仰以观于天文，俯以察于地理，是故知幽明之故。"《要术》中的 3 例都体现出仔细、反复地观察的意义。"每岁时家收后，察其强力收多者，辄历载酒肴，从而劳之。"这里是对土地的反复观察，甚至考量后作出抉择。同样如"夫知谷贵贱之法，必察天之三表，即决矣"。

"看"。《说文》睎也。从手下目。睎，远望。字形采用"手"和手下的"目"会义。见而不审，多表示直目而视的动作。《要术》中"看"有"估量"义，也就是视情况而定，大概差不多就行。如"尝看之，气味足者乃罢""日日常拔，看稀稠得所乃止"。作"观察"义，仍然表示不细看。如"看虽似多，其实倍少"。但也有仔细观察的用例，如"然要须数看，恐骨尽便伤好处""自非向明举而看之"。"看"在《要术》中已经成为表"观察"义的常用词，表示普通的观察，可与同时期的高频词汇"候"形成连用，也可与"望"对应，如"望之大，就之小"与"看虽似多，其实倍少"。

"视"。《说文》视：瞻也。从见示。远眺。段玉裁：引伸之义，凡我所为使人见之亦曰视。在表"观察"义时强调"看"的动作和观看对象，其观察的具体内容不清晰[①]。"览"。从见，从监。"监"亦兼表字音。"监"的本义是借水照形，这里表示看。本义为"观看"。

语义上，"候"强调仔细看，并对情况做出评估之义。"望"指向高处、远处看。强调看的动作，不强调结果。"观"表有目的地看。"察"指翻来覆去仔细地看，力图看个究竟。"看"表以手加额遮目而望，是《要术》里的常用词，既可以表粗略地看见，也可以表细致地观察。"视"强调观察的动作和

---

①　像成语"视而不见"还保留了这个差异。

对象。

语法语用上，"候"有15例，"看"用了35例，"望"7例，"观"7例，"察"出现3次。其中"看"处于核心词汇地位，出现了"候""看"连用的情况。"看"的结合能力较强，有"举看""数看""次第看""不看""须看""开看""啮看""再看""尝看""看好"等。"候"的语法功能也比较活跃，能接复杂的宾语，如"候近地叶有黄落者""候麴势强弱加减之""候叟（竹头）中水深浅半槽便止"。

2.2.13 覆、盖、幕、奄、合、苫（覆盖）

2.2.13.1 "覆"

"覆"在《要术》中用了39次，作名词4次，"翻、倒"义2例，"覆盖"义59例（其中"覆盖"连用6次，"盖覆"3次；引《广州记》等3次），"翻"义3例。"保护"义1例，"交配"义2例。

"覆盖"义例如下：

春苗既浅，阴未覆地，湿锄则地坚。（种谷/第三/67）

凡种黍，覆土锄治，皆如禾法，欲疏于禾。（黍穄/第四/105）

在步道上引手而取，勿听浪人踏瓜蔓，及翻覆之。（种瓜/第十四/157）

深掘，以熟粪对半和土覆其上，令厚一寸。（种葵/第十七/176）

覆者得供生食，又不冻死。（种韭/第二十二/209）

擘绵治絮，制新浣故，及韦覆贱好，预买以备冬寒。（杂说/第三十/235）

其坑外处，亦掘土并穣培覆之。（种桃柰/第三十四/273）

以被覆盆瓮，令暖，冬则穣茹。（作菹、藏生菜法/第八十八/674）

"保护"义例如下：

六月作苇屋覆之。（种姜/第二十七/218）

"翻、倒"义例如下：

此人怖遽，檐倾覆，所馀在器中，如向所持谷多少。（种梅杏/第三十六/282）《神仙传》

"交配"义例如下：

驴覆马生騾，则准常。以马覆驴，所生騾者，形容壮大，弥复胜马。（养牛、马、驴、騾/第五十/406）

"保护"义例如下：

并于园中筑作小屋，覆鸡得养子，乌不得就。（养猪/第五十八/450）

2.2.13.2 "盖"

"盖"在《要术》中用了 90 次，名词 7 次，语气词 27 例，副词 1 例，"整地"义 5 例，"藏"义 1 例，"覆盖"48 例，"淹盖"义 1 例。有"覆盖"连用。

"覆盖"义例如下：

昼用箔盖，夜则去之。昼不盖，热不生；夜不去，虫栖之。（种韭/第二十二/210）

阴雨之时，乃聚而苫盖之。（种枣/第三十三/263）

向晓昧旦日未出时，下酿，以手搦破块，仰置勿盖。（笨麴并酒/第六十六/509）

令清者，以盆盖，密泥封之。（法酒/第六十七/526）

屋必以草盖，瓦则不佳。（作豉法/第七十二/560）

盖则气变成水，令胶解难。（煮胶/第九十/680）

"整地"例如下：

仰著土块，并待孟春盖，若冬乏水雪，连夏亢阳，徒道秋耕不堪下种。（杂说/22）

凡种麻地，须耕五、六遍，倍盖之。（杂说/25）

一入正月初，未开阳气上，即更盖所耕得地一遍。（同上）

"淹盖"义如下：

水尽，筛熟粪，仅得盖子便止。厚则不生，弱苗故也。（种兰香/第二十五/212）

"藏"义例如下：

《史记》曰："齐无盖藏。"（序/1）

2.2.13.3 "幕"

"幕"在《要术》中用了12次，都是动词"覆盖"义。

插讫，以绵幕杜头，封熟泥于上，以土培覆，令梨枝仅得出头，以土壅四畔。（插梨/第三十七/288）

以绵幕瓮口，拔刀横瓮上。（作酢法/第七十一/547）

绵幕瓮口。三七日熟。（作酢法/第七十一/547）

2.2.13.4 "奄"

"奄"在《要术》中用了1次，动词表"覆盖"义，引自《食次》。

停令极冷，以麴范中用手饼之。以青蒿上下奄之。置床上，如作麦麴法。（作菹、藏生菜法/第八十八/663）

2.2.13.5 "合"

"合"在《要术》中用了202次，"合适"义7次，名词"盒子"2次和量词"盒子"54次。动词"覆盖"义13例，"合拢、连接"义15例，"合计"义8例，"符合"义4次，"混合"义98次，"凝结"义1例。

"合拢、连接"义如下：

言日月星辰运行至此月，皆匝于故基。次，舍也；纪，犹合也。（耕田/第一/45）

"合计"义例如下：

一亩合万五千七百五十株。（种谷/第三/82）

"符合"义例如下：

必相从者，所以省费燎火，同巧拙而合习俗。（种谷/第三/93）

"混合"义例如下：

取二七豆子，二七麻子，家人头发少许，合麻、豆著井中，咒敕井。（小豆/第七/116）

美粪一升，合土和之。（种谷/第三/83）

其坎成，取美粪一升，合坎中土搅和，以内坎中。（大豆/第六/113）

"集合"例如下：

同宗有贫窭久丧不堪葬者，则纠合宗人，共兴举之，以亲疏贫富为差。（杂说/第三十/241）

"合成、制作"例如下：

后三岁可合疮膏药。（杂说/第三十/241）

"闭合"例如下：

不摘则干。摘必须尽。留馀即合。（种红蓝花、栀子/第五十二/364）

"交配"义例如下：

累、腾，皆乘匹之名，是月所以合牛马。（养牛、马、驴、骡/第五十/384）

"凝结"义例如下：

不蒸则脑冻不合，不出旬便死。

"覆盖"义例如下：

种法：以升盏合地为处，布子于围内。（种韭/第二十二/203）

作柰䴵法：拾烂柰，内瓮中，盆合口，勿令蝇入。（种栗/第三十八/297）

世人见漆器暂在日中，恐其炙坏，合著阴润之地，虽欲爱慎，朽败更速矣。（漆/第四十九/349）

生炭火于坑中，合瓮口于坑上而熏之。（涂瓮/第六十三/477）

以盆合头。良久水尽，馈极熟软，便于席上摊之使冷。（造神麯并酒/第六十四/497）

大率酒一斗，用水三斗，合瓮盛，置日中曝之。（作酢法/第七十一/552）

凌旦，合盆于席上，脱取凝胶。（煮胶/第九十/680）

净淘，弱炊为再馏，摊令温温暖于人体，便下，以杷搅之。盆合，泥封。（造神麯并酒/第六十四/511）

2.2.13.6 "苫"

"苫"在《要术》中用了 4 次，均为动词"覆盖"义。

挂著屋下阴中风凉处，勿令烟熏。烟熏则苦。燥则上在厨积置以苫之。（种葵/4 第十七/184）

积时宜候天阴润，不尔多碎折。久不积苦则涩也。（同上）

阴雨之时，乃聚而苫盖之。（种枣/第三十三/263）

七月中作坑，令受百许束，作麦得（禾旁）泥泥之，令深五寸，以苫蔽四壁。（种蓝/第五十三/374）

2.2.13.7 "蔺"

"蔺"在《要术》中用了 6 次，表"踩踏"义 2 例。"覆盖"义 3 次。

"覆盖"义例如下：

冬雨雪止，辄以蔺之，掩地雪，勿使从风飞去；后雪复蔺之。（耕田/第一/49）

冬雨雪止，以物辄蔺麦上，掩其雪，勿令从风飞去。（大小麦/第十/127）

辨析：

"覆、盖、幕、奄、合、苫"在"覆盖"义上构成同义关系。

"覆"。《说文》覆：覂也。一曰盖也。从襾復声。覂也。反也。有"翻倒、翻转"义。《左传·襄公二十三年》：乐射之，不中。又注，则乘槐本而覆。又引申出"覆盖、遮蔽"之义。《要术》中"覆"强调以一物盖在另物上，将其遮蔽。如"覆者得供生食，又不冻死""以被覆盆瓮令暖""及韦覆贱好"。也隐含有"翻过来盖上"之义，文中"翻覆"出现2次。当然作为常用词，"覆"在大多时候，仅表"覆盖"的通用动作。

"幕"。《说文》帷在上曰幕，覆食案亦曰幕。引申为"覆盖、隐蔽"。《易·井》：上六，井收，勿幕。王弼注：幕，犹覆也。《说文》中的用例都是"绵幕"连用，专表用丝织品覆盖，看来跟其词本义相关。

"奄"。《说文》奄，覆也。大有余也。又，欠也。从大从申。《诗·鲁颂·閟宫》："奄有下国，俾民稼穑。"郑玄笺：奄犹覆也。《要术》中仅有1例："以青蒿上下奄之"。这里的"覆盖"义强调覆盖物体比被覆盖之物要大得多，完全超过被覆盖的体积，将其包起来。

"盖"。《说文·艸部》："葢，苫也。"跟"苫"同源。指用白茅编成的覆盖物。《要术》中的"盖"跟"覆"连用6次，也是个通用词汇。既可以指用植物类的物体覆盖他物，也可指他物相盖。

"苫"同"盖"，但"苫"在《要术》中专指植物编织物盖他物。所用的4例，分别指"菝、芦菔"及"茅草、秸秆一类的干枯物"。《要术》有"苫盖"之说。

"合"。《说文》合口也。从亼从口。三口相同是为合。《汉语大词典》收有"覆盖"义。张读《宣室志》卷七：忽见一缶合於地，光（柳光）即启之，其缶下有泉，周不尽尺。根据其"符合、相同"义而引申出"覆盖"义，使得"合"在表"覆盖"义时强调将被覆盖物的缺口填补盖上，甚至将容器倒扣在另一容器或物品之上。《要术》中的用例，大多是把"瓮""盆"这种有口的进行覆盖。如"内瓮中，盆合口""合瓮口于坑上而熏之""以盆合头"。

"蔺"。莞属。从艸閵声。《要术》中收"践踏"和"覆盖"义，均由草之本义引申而来，表示用草覆盖或者以他物覆盖。

语义上，"覆"和"盖"表通用动作。"覆"其动作的工具也很丰富，如：草、根、薪、粪、土、叶、灰、秸秆；头发、嘴唇、肉、酪、麦糠、酥、饐、穰、布、绵、娟、韦，木板、盆等。"盖"用以"覆盖"的物品主要指"布、席、荐、叶、纸"一类平面单薄的物体，也有"盆""碗""瓦"一类的非平面物体，甚至出现了表通用动作的用例"以物盖瓮头""盖瓮，勿令鹿污"。"幕"用例12例，均为"绵幕"专表用丝织品覆盖。"合"一般特指将容器倒扣在另一容器或物品之上。将盆扣在瓮上或扣在席上。"奄"强调覆盖物体比被覆盖之物要大得多。"苫"专指植物编织物盖他物。"蔺"强调草属性物品的覆盖。

语法语用上，"覆"用例59次，语法功能非常活跃。词一级结合能力强。既可有表程度的副词修饰"密覆""薄覆""厚覆""遍覆""浑覆""不覆"；也可同义连用"覆盖""盖覆"；也可状语表覆盖的形式"培覆""翻覆"；及接补语"覆护""覆讫""覆籍""覆上""覆置""覆著""覆裹"等。"盖"用了48例，出现"覆盖"连用6次的情况，亦是当时的常用词汇。出现了"盖著""横盖""倍盖""密盖"。《要术》时代"覆""盖"是当时的核心词汇。

2.2.14 曝、晒、炙、熇、爆、暵（晒）

2.2.14.1 "曝"

"曝"在《要术》中用了130次，都是动词"晒"义，引用15次。例如下：

取麦种，候熟可获，择穗大强者斩，束立场中之高燥处，曝使极燥。(收种/第二/57)

辄曝，谨藏，勿令复湿。(种谷/第三/82)

候晏温，又溲曝，状如"后稷法"，皆溲汁干乃止。(同上/83)

无流水，曝井水，杀其寒气以浇之。(种麻子/第九/124)

必须日曝令干，及热埋之。(大小麦第十/127)

枣脯法：切枣曝之，干如脯也。(种枣/第三十三/264)

其实类枣，著枝叶重曝挠垂。(五谷/一/876)

2.2.14.2 "晒"

"晒"在《要术》中用了 21 次，均为"晒"义次。其中引用 3 次，"晒曝""燥晒"和"晒令燥""晒干"连用 10 例。

即晒令燥，种之。(收种/第二/55)

黍，宜晒之令燥。湿聚则郁。(黍穄/第四/102)

先燥晒，欲种时，布子于坚地，一升子与一掬湿土和之，以脚蹉令破作两段。(种胡荽/第二十四/206)

少时，捩出，净捩去渣。晒极干。(杂说/第三十/235)

晒枣法：先治地令净。(种枣/第三十三/261)

不晒则郁黑，太燥则碎折。(种紫草/第五十四/377)

造酒法：全饼麴，晒经五日许，日三过以炊帚刷治之，绝令使净。(涂瓮/第六十三/479)

2.2.14.3 "炙"

"炙"在《要术》中用了 79 次，"烧烤"义 74 次，"晒"义 5 次。

"烧、烤"义例如下：

民惰窳，少粗履，足多剖裂血出，盛冬皆然火燎炙。（序/8）

"晒"义例如下：

世人见漆器暂在日中，恐其炙坏，合著阴润之地，虽欲爱慎，朽败更速矣。（漆/第四十九/349）

日中炙酪，酪上皮成，掠取。更炙之，又掠。（养羊/第五十七/433）

至五月中，瓷别碗盛，于日中炙之，好者不动，恶者色变。（造神麹并酒/第六十四/498）

2.2.14.4 "熇"

"熇"在《要术》中用了4次，形容词1例，"慢烤"义1次，另表"晒"义2次，且均引自《食经》。

形容词"干燥"义，例如下：

择佳完者一石，以盐一升淹之。盐入肉中，仍出，曝令干熇。（作菹、藏生菜法/第八十八/730）

"慢烤"义例如下：

微火上搅之，少熇，覆瓯瓦上，以灰围瓯边。（八和齑/第七十三/572）

"晒"义例如下：

以薄灰淹之，一宿，出，蟹眼汤瀹之。出熇，内糟中。可出蕨时。（作菹、藏生菜法/第八十八/671）

十日许，出，拭之，小阴干熇之，乃内著盆中。（作菹、藏生菜法/第八十八/662）

2.2.14.5 "暵"

"暵"在《要术》中用了4次，都表"晒"义。例如下：

大、小麦，皆须五月、六月暵地。不暵地而种者，其收倍薄。（大小麦/

第十/125）

其春耕者，杀种尤甚——故宜五六月暵之，以拟穬麦。（旱稻/第十二/147）

是月尽夏至，暖气将盛，日烈暵燥，利用漆油，作诸日煎药。（杂说/第三十/233）

2.2.14.6 "㷦"

"㷦"在《要术》中用了 1 次，表"暴晒"义。

㷦菹法：净洗，缕切三寸长许，束为小把，大如筆篗。（作菹、藏生菜法/第八十八/665）

辨析：

"曝、晒、炙、熇、㷦、暵"在"晒"义上构成同义关系。

"曝"。《廣韻》蒲木切，入屋，並。《汉语大词典》收"晒"义。《列子·杨朱》："昔者宋国有田夫，……自曝於日。《要术》里"曝"表示"晒"义是个常用词，但有时候其晒的程度比较烈。如："曝使极燥""切枣曝之，干如脯也""著枝叶重曝挠垂"。

"晒"。《说文》；晒，暴也。汉中山靖王传。白日曬光。幽隐皆照。从日。麗聲。就是指太阳照射物体；在阳光下吸收光和热。《要术》中"晒"为通用词，没有特殊的强调。

"炙"。《说文》：炙，炮肉也。从肉在火上。《诗·小雅·瓠叶》："有兔斯首，燔之炙之。"《要术》有"烤"和"晒"二义。表示太阳暴晒，程度很深，如："日中炙酪，酪上皮成，掠取"用阳光暴晒至凝结；"于日中炙之，好者不动，恶者色变"需要接受暴晒的考验；而"恐其炙坏"更体现暴晒的杀伤力。

"熇"。《说文》熇，火热也。从火高声。《汉语大词典》还有 1 义：一种烹饪方法，用微火煮使食物的汤减少变浓。《要术》中"熇"表"晒"的程度比较浅，如："小阴干熇之""出熇，内糟中"应该都是指用小太阳晒至部分脱水。

"熯"。《说文》熯，乾貌。从火，漢省声。《玉篇》熯，火盛貌。《汉语大词典》收"曝晒"义。《三国志·魏志·司马芝传》："夫农民之事田，自正月耕种，耘鋤條桑，耕熯种麦，获刈筑场，十月乃毕。"《要术》中仅有 1 例，"熯菹法：净洗，缕切三寸长许，束为小把，大如筆篲。"意思是将菹，束捆晒成菜干。太阳"晒"的程度也比较深。

"暵"。《说文》暵，乾也。《汉语大词典》引《要术》用例表"曝晒"义。《要术》中所用 4 例，其中 3 例为"晒地""晒漆器"，强调晒的目的。如："皆须五月、六月暵地。不暵地而种者，其收倍薄。"晒地杀虫；"杀种尤甚——故宜五六月暵之"晒地杀种；"日烈暵燥，利用漆油"晒以耐用。

语义上，"炙""熯""曝"表示"晒"的程度较深，"晒"无明显程度倾向，"熇"程度较浅。"暵"强调晒的目的。

语法语用上，"曝"用例 130 次，"晒"用例 21 次，"炙"用例 5 次，"熇"用例 2 次，"熯"用例 1 次，"暵"用例 4 次。其中"曝"为核心词汇。"曝"可以被程度副词修饰如："复曝""数曝""重曝""速曝""十曝""燥曝"，还有后接补语比较丰富"曝死""曝燥""曝干""曝令坚""曝令萎"。"曝"的方式也很多，如"日曝""昼曝""煮曝""盐曝""蒸曝"。"晒"的构词和句法功能也比较活跃，有"即晒""复晒""不晒"；也有"日中晒""日晒""昼日晒"，后接宾语和补语"晒细沙可燥""高屋厨上晒经一日"。"曝"为《要术》时期的核心词汇。

2.2.15 浇、淋、洒、灌、溉、沃（浇淋）

2.2.15.1 "浇"

"浇"在《要术》中用了 65 次，"浇灌"义 35 次，"淋"义 30 次。

"浇灌"义例如下

汤有旱灾，伊尹作为区田，教民粪种，负水浇稼。（种谷/第三/83）

如此则以区种之，大旱浇之，其收至亩百石以上，十倍于后稷。（种谷/第三/84）

天旱，以流水浇之，树五升。无流水，曝井水，杀其寒气以浇之。雨泽时适，勿浇。浇不欲数。（种麻/第八/124）

"浇淋"义

其下馈法：出馈瓮中，取釜下沸汤浇之，仅没饭便止。（涂瓮/第六十三/480）

以冷水浇。筒饮之。绢（酉旁）出者，歇而不美。（笨麹并酒/第六十六/514）

一日一度，以水浇之，牙生便止。（黄衣、黄蒸及蘖/第六十八/532）

2.2.15.2 "淋"

"淋"在《要术》中用了 15 次，均为"浇淋"义。例如下：

取穰灰，淋取汁渍栗。出，日中晒，令栗肉焦燥，可不畏虫，得至后年春夏。（种栗/第三十八/293）

址有櫰木。其皮中有如白米屑者，干捣之，以水淋之，似面，可作饼。（845）

更汲冷水浇淋，味薄乃止。淋法，令当日即了。（作酢法/第七十一/554）

2.2.15.3 "洒"

"洒"在《要术》中用了 15 次，"淋"义 12 次，"发散"义 2 次，"洗"义 1 例。

二月先耕一亩作田，秫粥洒之，刈生茅覆上，自生白虫。（养鸡/第五十九/450）

溲麹欲刚，洒水欲均。（白醪麹第六十五/505）

粟米洒法：唯正月得作，馀月悉不成。（同上）

七日衣足，亦勿簸扬，以盐汤周遍洒润之。（作豉法/第七十二/565）

"发散"义 2：

又辛气辇灼，挥汗或能洒污，是以须立春之。（八和齑第七十三/567）

"洗"义 1：

作粳米糗糒法：取粳米，汰洒，作饭，曝令燥。（飧饭第八十六/650）

2.2.15.4 "灌"

"灌"在《要术》中用了 30 次，"灌溉"义 4 例，"装入"义 5 次，另表"灌冲"义 17 次，"淋"义 4 例。

"灌溉"义：

溉灌，收刈，一如前法。（水稻/第十一/138）

"浇淋"义：

黍心未生，雨灌其心，心伤无实。（黍穄/5 第四/105）

炊，曝极燥。以酒醅灌之。（作酢法/第七十一/556）

黍米作馈，覆豆上。酒三石灌之，绵幂瓮口。（同上）

令内菜瓮中，辄以生渍汁及粥灌之。（作菹、藏生菜法/第八十八/658）

"灌冲"义：

五月取椹著水中，即以手渍之，以水灌洗，取子阴干。（种桑、柘第/四十五/326）

浸豉使液，以手搦之，绞去滓，以汁灌口。（养牛、马、驴、骡/第五十/410）

"装入"义：

融羊、牛脂，灌于蒲台中，宛转于板上，挼令圆平。（杂说/第三十/229）

2.2.15.5 "溉"

"溉"在《要术》中用了 8 次，"灌溉"义 7 次，另表"浇淋"义 1 次。

"灌溉"义例如下：

凡数十处，以广溉灌，民得其利，蓄积有馀。（序/9）

粱者，黍、稷之总名；稻者，溉种之总名。（耕田/第一/51）

"浇淋"义例如下：

时时溉灌，常令润泽。每浇水尽，即以燥土覆之，覆则保泽，不然则干涸。（园篱/第三十一/255）

2.2.15.6 "沃"

"沃"在《要术》中用了 36 次，形容词 3 例，"灌溉"义 5 次，表"浇淋"义 7 次，"浸泡"义 21 次。

"灌溉"义例如下：

只如十亩之地，灼然良沃者，选得五亩，二亩半种葱，二亩半种诸杂菜。（杂说/27）

临种沃之，坎三升水。（大豆/第六/111）

"浇淋"义例如下：

便于暖处笼盛胡荽子，一日三度以水沃之，二三日则芽生，于旦暮时接（207）润漫掷之，数日悉出矣。（种胡荽第二十四/208）

若种者，授生子，令中破，笼盛，一日再度以水沃之，令生芽，然后种之。（同上/210）

先为深坑，内树讫，以水沃之，著土令如薄泥，东西南北摇之良久，摇则泥入根间，无不活者。（园篱/第三十一/255）

当梨上沃水，水尽以土覆之，勿令坚涸。（插梨/第三十七/288）

以渍米汁随瓮边稍稍沃之，勿使麹发饭起。（作酱等法/第七十/558）

秫米为饭，令冷。取葵著瓮中，以向饭沃之。（作菹、藏生菜法/第八十八/660）

"浸泡"例如下：

浓烧穰，以汤沃之，取汁，以梅投中，使泽。（种梅杏/第三十六/282）

炊为馈，下著空瓮中，以釜中炊汤，及热沃之，令馈上水深一寸馀便止。（造神麹并酒/第六十四/497）

日满，更汲新水，就瓮中沃之，以酒杷搅，淘去醋气，多与遍数，气尽乃止。（种红蓝花、栀子/第五十二/368）

辨析：

"浇、淋、洒、灌、溉、沃"在"浇淋"义上构成同义关系。

"浇"。《说文》浇，渼也。从水尧声。《汉语大词典》收"淋、洒"义。南朝宋刘义庆《世说新语·任诞》：阮籍胸中垒块，故须酒浇之。清段玉裁：沃为浇之大，浇为沃之细。《要术》中"浇"是一个常用词，没有特别的强调之处，在表"浇淋"各种情况下都可以使用。"浇淋""浇沃""浇灌"等的连用也说明了这一点。

"淋"。淋，山水奔流貌；雨下貌。《说文·水部》："淋……一曰淋淋，山下水皃。"《汉语大词典》解释为：让水或其他液体自上落下。《要术》中的实例来看，"淋"强调从上而下，很多时候液体会透过或者顺着物体继续下流。例如："取穰灰，淋取汁渍栗"清水淋下得到草木灰汁；"干捣之，以水淋之，似面，可作饼"也是取汁液；"更汲冷水浇淋，味薄乃止"也是水过透米而过。

"洒"。《说文》洒，滌也。从水西聲。洗脸之义。《汉语大词典》收"淋水在地面上"义，《诗·唐风·山有枢》："子有廷内，弗洒弗扫。"《要术》中大多指将汁液用力均匀望四处淋下，强调"遍淋"。如："秫粥洒之，刘生茅覆上，自生白虫"表将粥四散地淋在地面上；"溲麴欲刚，洒水欲均"及"以盐汤周遍洒润之"都体现了"遍淋"义。

"灌"，既有"浇灌"义，又有"冲洗"义，表"淋"时强调强行往下淋，也带有冲的意思。《要术》中用例不多，而且跟"灌溉"的其他义不大好区分。例如："黍心未生，雨灌其心，心伤无实"天雨淋冲（洗）黍苗之芯，容易造成不结子。

"溉"《汉语大词典》收"灌溉""洗"义。《要术》中归纳作"淋"义，也只有 1 例。"时时溉灌，常令润泽。每浇水尽，即以燥土覆之，覆则保泽，不然则干涸。"从这句话来看，"溉"与"浇"对应，且从"以燥土覆之，覆则保泽"来看，应该不是漫灌，而是逐行"浇淋"。

"沃"有"淹没、浸泡"义，表"浇淋"义时，见上文"沃为浇之大，浇为沃之细"上文一般淋的液体比较多。《要术》用例基本体现了这一点。例如："一日三度以水沃之""以水沃之，著土令如薄泥"。

语义上。"浇"为这一组次的通用词，"淋"强调从上而下，"洒"强调淋的范围广，"沃"强调淋的液体较多，"灌"强调冲洗，"溉"的用例少。

语法语用上。词语出现频率上："浇"30 次，"淋"15 次，"洒"12 次，"灌"4 次，"溉"1 次，"沃"7 次。"浇"为核心词汇。出现"淋浇""浇灌"连用。其出现"复浇""数浇""普浇""不浇""须浇""每浇""再浇""勿浇""遍浇""更浇"等副词修饰。状语也比较丰富："以流水浇""以盐酢浇""沸汤浇""以冷水浇""以前盐蓼汁浇"；补语有"浇满"等。所接宾语如："浇稼""浇之""以浇醉人""浇瓮外""浇热食""浇四畔糠糟上""浇菹布菜"等。

2.2.16 淘、洗、沙、涤、澡、濯、荡、疏、浣、梳洗（淘洗）

2.2.16.1 "淘"

"淘"在《要术》中用了53次，名词1例，"淘洗"义51次，表"以液汁拌和食物"义1次。其中，"淘汰"连用4次。

"淘洗"义例如下：

地既熟，净淘种子；浮者不去，秋则生稗。（水稻/第十一/137）

先以水净淘瓜子，以盐和之。（同上/156）

即日以水淘取子，晒燥，仍畦种。（种桑、柘/第四十五/317）

就瓮中沃之，以酒杷搅，淘去醋气，多与遍数，气尽乃止。（种红蓝花、栀子/第五十二/371）

易器淘治沙汰之，澄去垢土，泻清汁于净器中。（常满盐、花盐/第六十九/534）

取香美豉，别以冷水淘去尘秽。（脯腊/第七十五/579）

"以液汁拌和食物"例如下：

淘豆汤汁，即煮碎豆作酱，以供旋食。（黄衣、黄蒸及糵/第六十八/536）

2.2.16.2 "洗"

洗"在《要术》中用了112次，动词均为"淘洗掉污垢"义[①]113次，名词2例。引用13例，其中《食经》4例，《氾胜之书》2例。

---

① 其中有3例，为"洗浴"义也归于此义项。

作汤净洗芜菁根，漉著一斛瓮子中，以苇荻塞瓮里以蔽口。（蔓菁/第十八/188）

饮酒时，以汤洗之，漉著蜜中，可下酒矣。（种李/第三十五/277）

小儿面患皱者，夜烧梨令熟，以糠汤洗面讫，以暖梨汁涂之，令不皱。（种红蓝花、栀子/第五十二/367）

看附骨尽，取冷水净洗疮上，刮取车轴头脂作饼子，著疮上，还以净布急裹之。（养牛、马、驴、骡/第五十/411）

铰讫于河水之中净洗羊，则生白净毛也。（养羊/第五十七/427）

取好干鱼——若烂者不中，截却头尾，暖汤净疏洗，去鳞，讫，复以冷水浸。（作鱼鲊/第七十四/577）

2.2.16.3 "汰"

"汰"在《要术》中用了 8 次，都为动词"淘洗"义。

柘子熟时，多收，以水淘汰令净，曝干。（种桑、柘第/四十五/319）

易器淘治沙汰之，澄去垢土，泻清汁于净器中。（常满盐、花盐/第六十九/533）

良久，淘汰，挼去黑皮，汤少则添，慎勿易汤。（黄衣、黄蒸及糵/第六十八/536）

用大豆一斗，熟汰之，渍令泽。（同上/556）

取粳米，汰洒，作饭，曝令燥。（飧饭/第八十六/650）

2.2.16.4 "沙"

"沙"在《要术》中用了 21 次，名词 16 例，"淘洗"义 5 次。

净淘沙，研令极熟。（八和齑/第七十三/571）

莼细择，以汤沙之。中破鳢鱼，邪截令薄，准广二寸，横尽也，鱼半体。

（羹臛法/第七十六/591）

洗，不沙。肥肉亦可用。半莫之。（羹臛法/第七十六/592）

2.2.16.5 "涤"

"涤"在《要术》中用了1次，表"淘洗"义。

以热汤数斗著瓮中，涤荡疏洗之，泻却；满盛冷水。（涂瓮/第六十三/477）

2.2.16.6 "濯"

"濯"在《要术》中用了2次，均为"淘洗"义。

煤讫，冷水中濯之，盐、醋中。（作菹、藏生菜法/第八十八/657）

以水净洗濯，无令有泥。（饧餔/第八十九/680）

2.2.16.7 "荡"

"荡"在《要术》中用了11次，"浪荡"义5次，表"淘洗"义3次，"沟行水也"义3次（引自《尔雅》）。

"沟行水也"义例如下：

以猪畜水，以防止水，以沟荡水，以遂均水，以列舍水，以浍写水，以涉扬其芟，作田。（水稻/第十一/140）

"浪荡"义例如下：

牡性游荡，若非家生，则喜浪失。（养猪/第五十八/443）

"淘洗"义例如下：

以热汤数斗著瓮中，涤荡疏洗之，泻却。（涂瓮/第六十三/477）

常预煎汤停之，投（酉旁）毕，以五升洗手，荡瓮。（法酒/第六十七/526）

2.2.16.8 "疏"

"疏"在《要术》中用了 66 次，形容词 13 例，名词（含注疏）47 例，"疏通"义 1 次（引用），表"淘洗"义 5 次。

"疏通"义例如下：

禹决江疏河，以为天下兴利，不能使水西流。（种谷/第三/75）

"淘洗"义例如下：

以热汤数斗著瓮中，涤荡疏洗之，泻却。（涂瓮/第六十三/477）

取好干鱼——若烂者不中，截却头尾，暖汤净疏洗，去鳞，讫，复以冷水浸。（作鱼鲊/第七十四/577）

去直鳃，破腹作鲅，净疏洗，不须鳞。（同上）

复著水痛疏洗，视汁黑如墨，抒却。（醴酪/第八十五/645）

2.2.16.9 "浣"

"浣"在《要术》中用了 7 次，都为动词"淘洗"义，其中功能引用 2 次。

蚕事未起，命缝人浣冬衣，彻复为袷。（杂说/第三十/233）

处暑中，向秋节，浣故制新，作袷薄，以备始凉。（杂说/第三十/235）

淘米及炊釜中水、为酒之具有所洗浣者，悉用河水佳也。（涂瓮/第六十三/479）

2.2.16.10 "梳洗"

"梳洗"在《要术》中用了 2 次，表"淘洗"义。应通"疏洗"。例如下：

净燖猪讫，更以热汤遍洗之，毛孔中即有垢出，以草痛揩，如此三遍，梳洗令净。（蒸缹法/第七十七/599）

燸讫，以火烧之令黄，用暖水梳洗之，削刮令净，刳去五藏。（作宰（月旁）、奥、糟、苞/第八十一/628）

辨析：

"淘、洗、汰、沙、涤、濯、荡、疏、浣"在"淘洗"义上构成同义关系。

"淘"。《汉语大词典》表示"用水冲洗，汰除杂质"。《要术》中的用例"淘"的对象一般是种子、米、饭、豆子等细小之物，有表示用水泡洗。例如："净淘种子；浮者不去，秋则生稗"就是将种子泡在水里翻洗；"即日以水淘取子，晒燥"表淘洗出种子。

"洗"。《说文》洗，洒足也。从水先聲。《汉语大词典》收"用水涤除污垢"义。《诗·大雅·行苇》："或献或酢，洗爵奠斝。"《要术》中"洗"是最常用的表"淘洗"义的通用词。既可以表一般的洗去污垢，如"涤荡疏洗之"。又强调主要是以液体将物体表面污渍的冲洗去除，后面"洗"的对象可以是疥、痂、蹄等皮肤表面性的东西。另如"茅蒿叶揩洗""以水洗去咸汁，煮为茹，与生菜不殊"表以水冲掉表面的附着物。

"荡"。《说文》荡，涤器也。从皿，汤声。《汉语大词典》收"洗涤"义。《西游记》第四六回："小和尚一向不曾洗澡，這两日皮肤燥痒，好歹荡荡去。"《要术》中"荡"也表冲洗，但强调摇晃冲刷掉物体上的污垢。所用的2例都是"瓮洗"。

"汰"。《汉语大词典》汰，淘洗米、豆之类。《仪礼·士丧礼》"祝淅米于堂"，郑玄注："淅，汰也。"《说文》用例都是将"米""豆"类淘洗干净，跟"淘"接近。《要术》中"汰"总共出现了8次，其中"淘汰"连用5次，"汰洒"1次。如："柘子熟时，多收，以水淘汰令净""用大豆一斗，熟汰之"。

"沙"。从《要术》的用例来看，指反复地冲洗。如"洗，不沙。肥肉亦可用。半奠之。"这里明确指出了，"沙"和"洗"是有区别的，做菰菌鱼羹时鱼肉不宜反复冲洗。"净淘沙，研令极熟。"也强调了洗的次数和程度。

"涤"。《说文》涤，洒也。从水條聲。《汉语大词典》收"清除"义。《要术》中出现 1 例："以热汤数斗著瓮中，涤荡疏洗之，泻却；满盛冷水。"其中"涤荡疏洗"属于同义连用，表"淘洗"义。

"濯"。《说文》濯，瀚也。从水翟聲。段玉裁认为，濯表示浸泡在大片水域里清洗。《要术》中用 2 例，"冷水中濯之""以水净洗濯"都体现了泡洗之义。

"疏"。本义为疏通，疏，通也。从㐬从疋，疋亦声。《汉语大词典》收"洗涤，清除"义。《国语·楚语上》："教之乐，以疏其秽而镇其浮。"韦昭注："疏，瀚也。"《要术》中"疏"出现 5 次，其中"疏洗"连用 4 次。表一般的常用"冲洗"义。

"浣"。《汉语大词典》收"洗涤"义。从《要术》中的用例来看，"浣"出现 7 次，其中 6 例洗的对象为"冬衣""故帛""旧裳""旧绵""葛、苎""衣服"一类的布帛产品，仅有 1 例"为酒之具有所洗浣者""洗浣"连用表一边的洗涤义。

"梳洗"现指梳头洗脸，也泛指妆扮。《要术》中 2 例均表热水烫猪，洗去毛发和污垢。

语义上，"淘"跟"净"结合紧密，《要术》中，"净淘"出现 14 次，"淘不净"3 次，"淘令净"3 次，"淘极净"4 次。强调泡水冲水使其去除污垢，是通用的词语。"洗"强调以水冲掉表面的附着物。"沙"指反复地冲洗。"濯"体现了泡洗之义。"浣"洗的一般是布帛，"汰"淘洗米、豆之类。"梳洗"表示烫去猪牛羊的毛和污垢。

语法语用上，"淘"用例 51 次，词语的结合能力较强，出现了"净淘""淘净""淘去""堪淘""淘讫""淘取""初淘""二淘"，也出现了"淘汰""淘沙""淘奠"。"洗"用例 113 次，是《要术》时代的核心词汇。能够跟同义的词语连用或对用："洗浣""疏洗""梳洗""洗濯""沙，不洗""疏洗""洗浴"。做谓语修饰的情况丰富而复杂。副词修饰，如"净洗""浸洗去血""疏洗""灌洗""热洗之""更洗""勿洗""常洗""浸洗"等；名词状语修饰的："以糠汤洗""汤中以洗""皆须以水洗""以汤洗之""泔清净洗""以咸汁洗""以酸泔清洗净""取汁净洗"，后接宾语情况"洗疥""洗疮""洗蹄""净洗羊""洗手""洗鱼"等。后接补语"洗讫""洗令净""洗去盐""洗去鳞"等。

2.2.17 践、蹋、踏、履、蹉、蔺、蹙（蹴）（踩踏）

2.2.17.1 "践"

"践"在《要术》中用了 18 次，均为动词表"踩踏"义。例如下：

菅茅之地，宜纵牛羊践之，践则根浮。（耕田/第一/38）

牵马令就谷堆食数口，以马践过为种，无好蚄，厌好蚄虫也。（收种/第二/56）

谚曰："穄青喉，黍折头。"皆即湿践。（黍穄/第四/102）《氾胜之书》久积则浥郁，燥践多兜牟。穄，践讫即蒸而裹之。（黍穄/第四/102）

人足践踏之乃佳。践者菜肥。地释即生。锄不厌数。（种葵/第十七/177）

欲令牛马覆践令净。枣性坚强，不宜苗稼，是以不耕。（种枣/第三十三/261）

群羊践蹋而已，不得一茎入口。（养羊/第五十七/424）

2.2.17.2 "蹋"

"蹋"在《要术》中用了 9 次，均为动词表"踩踏"义。例如下：

薄地寻垄蹋之。不耕故。（种谷/第三/66）

凡种，欲牛迟缓行，种人令促步以足蹑垅底。（同上/67）

凡瓜所以早烂者，皆由脚蹑及摘时不慎，翻动其蔓故也。（种瓜/第十四/157）

内豆于窖中，使一人在窖中以脚蹑豆，令坚实。（作豉法/第七十二/564）

2.2.17.3 "踏"

"踏"在《要术》中用了17次，均为动词表"踩踏"义。例如下：

其踏粪法：凡人家秋收治田后，场上所有穰、谷等，并须收贮一处。（杂说/23）

在步道上引手而取，勿听浪人踏瓜蔓，及翻覆之。踏则茎破，翻则成细，皆令瓜不茂而蔓早死。（种瓜/第十四/160）

铁齿杷耧之，令熟，足踏使坚平。（种葵/第十七/176）

正月地释，驱羊踏破地皮。不踏即枯涸，皮破即膏润。（同上/178）

于木槽内，以汤淘，脚踏；泻去沈，更踏；如此十遍，隐约有七斗米在，便止。（醴酪/第八十五85）

2.2.17.4 "履"

"履"在《要术》中用了9次，名词8次，表"踩踏"义1例。例如下：

其土黑坚强之地，种未生前遇旱者，欲得令牛羊及人履践之。（旱稻/第十二/147）

2.2.17.5 "蹉"

"蹉"在《要术》中用了4次，表"搓揉"义2例，表"错开"义1例，"表"踩踏"义1例。：

"搓揉"义例如下：

多种者，以砖瓦蹉之亦得，以木磳磳之亦得。（种胡荽/第二十四/207）

耧耩作垄，蹉子令破，手散，还劳令平，一同春法，但既是旱种，不须耧润（同上）

"分岔、错开"义例如下：

齿，左右蹉不相当，难御。（养牛、马、驴、骡/第五十/397）

"踩踏"义例如下：

欲种时，布子于坚地，一升子与一掬湿土和之，以脚蹉令破作两段。（种胡荽/第二十四207）

2.2.17.6 "蔺"

"蔺"在《要术》中用了6次，表"踩踏"义2例。"覆盖"义4次。

"覆盖"义：

冬雨雪止，以物辄蔺麦上，掩其雪，勿令从风飞去。（大小麦/第十/127）

"踩踏"义例如下：

耕辄蔺之。草生，有雨泽，耕重蔺之。土甚轻者，以牛羊践之。如此则土强。（耕田第一/49）

2.2.17.7 "蹙"

"蹙"通"蹴"在《要术》中用了4次，名词1例，动词表"逼迫"义2次，"踩踏"义1次。应通"疏洗"。

"靠近、逼迫"义例如下：

数年成长，共相蹙迫，交柯错叶，特似房笼。（园篱/第三十一/254）

"踩踏"义例如下：

又至皮所，以足蹙之曰。（种桑、柘/第四十五/316）引自《搜神记》

另外，"蹴"在《要术》中用了2次，均表"踩踏"义。例如下：

以手痛挼乳核令破，以脚二七遍蹴乳房，然后解放。羊产三日，直以手

接核令破,不以脚蹴。(养羊/第五十七/431)

辨析:

"践、蹋、踏、履、蹉、蔺、蹵(蹴)"在表"踩踏"义上构成同义关系。

"践"。《说文》践,履也。从足戋声。履之着地曰履。"践"亦有"蹂躏、摧残"义,在表"踩踏"时,强调了其破坏性。例如"菅茅之地,宜纵牛羊践之"踩死草根;"以马践过为种,无虸蚄,厌好虸蚄虫也"踩死土里的虫卵;"欲令牛马覆践令净"也是表除草。

"踏"同蹋,《说文》蹋,践也。从足昺声。《要术》中表示通用的"踩踏"义,既可以程度较轻,例如"勿听浪人踏瓜蔓,及翻覆之";也可以表程度重,例如"驱羊踏破地皮"。

"蹉"。《说文》蹉,蹈也。从足叕声。蹉,轻踏。《要术》中用例大多都体现了轻踏的取向。例如:"凡瓜所以早烂者,皆由脚蹉及摘时不慎,翻动其蔓故也。"

"履"。履,足所依也。从尸从彳从夊,舟象履形。就是鞋子。作动词表示用教踩。一般实施者为人。《要术》:"欲得令牛羊及人履践之"。

"蹉"《汉语大词典》收"搓揉、践踏"义。引《要术》例:"欲种时,布子于坚地,一升子与一掬湿土和之,以脚蹉令破作两段。"表示脚在踩踏时带有来回搓揉的动作。

"蔺"《汉语大词典》认为,"蔺"通"躏"引用《氾胜之书·耕田》:"望杏花落,复耕。耕辄蔺之。"万国鼎释:"蔺"是践踏镇压的意思。还有 1 例:"草生,有雨泽,耕重蔺之。土甚轻者,以牛羊践之。《要术》中"蔺"表强行用动物或者其他办法将(草)压迫踩踏破坏致死。

"蹵"通"蹴"。《说文》蹴,同蹋也。从足就声。以足逆蹋之曰蹴。表示人迎面踩踏。《要术》中用例都是指人用脚正向踩踏。例如:"以脚二七遍蹴乳房""直以手按核令破,不以脚蹴"。

语义上，"踏"为通用词汇表用脚踩。"践"强调踩踏的破坏性，"蹑"为轻轻地踩踏，"蹉"在踩踏时伴随着反复搓揉，"蹙"指人正向踩踏，"履"强调踩的实施主体为人，"蔺"同"践"表乱踩压平。

语法语用上，"践"用例 18 次，"踏"用例 17 次，"蹑" 9 次，"履"和"蹉"各出现 1 例，"蔺"用例 2 次，"蹙" 3 次。其中"践""踏"在词法和句法上都比较活跃。出现了"践踏""履践""践蹑"等同义连用，而且出现"干践""湿践""覆践"等多种形式，修饰补充的方式也是多样的，如"践讫""重践""熟踏""更踏"。

2.2.18 置、著、着、安、阁、停、委、奠（放置）

2.2.18.1 "置"

"置"在《要术》中用了 93 次，名词 1 例，其余均为动词表"放置"义 92 次。例如下：

凡春种欲深，宜曳重挞。夏种欲浅，直置自生。（种谷/第三/66）

捣麇、鹿、羊矢等分，置汁中熟挠和之。（同上/83）

春稻必须冬时积日燥曝，一夜置霜露中，即舂。（水稻/第十一/139）

有蚁者，以牛羊骨带髓者，置瓜科左右，待蚁附，将弃之。（种瓜/第十四/161）

茄子，九月熟时摘取，擘破，水淘子，取沈者，速曝干裹置。（同上/162）

插枝于孔中，还筑孔使坚，屋子置土覆之，经冬不异也。（种桃柰/第三十四/274）

渡讫，聚置经宿，来晨熟捣。作木范之。（白醪麴/第六十五/505）

2.2.18.2 "着"

"着"在《要术》中用了 1 次，动词表"放置"义。例如下：

量取三斗，着盆中。（笨麴并酒/第六十六/510）

2.2.18.3 "著"

"著"在《要术》中用了 346 次，其中形容词 1 次，介词 25 例，动词 320 次。其中表"点着、着火"义 3 例，"长出、生长"义 30 例，其中 25 例 为引用，"贴近"义 21 例，"依附、沾"义 18 例，"戴上、穿上"义 6 例，表 "放置"义 242 例。

"明显"义例如下：

莫不自近及远，从微至著。（养牛、马、驴、骡/第五十/383）

用作介词，例如下：

以三斗瓦瓮埋著科中央，令瓮口上与地平。（种瓜/第十四/161）

若穊生及种而不栽者，则著子迟。（插梨/第三十七/286）

"点着、着火"义例如下：

火既著，即以扫帚扑灭，仍打之。（大小麦/第十/127）

"长出、生长"例如下：

著四五叶，雨时，合泥移栽之。（种瓜/第十四/163）

"贴近"义例如下：

以钩弋压下枝，令著地，条叶生高数寸，仍以燥土壅之。（种桑、柘/第四十五/317）

"戴上、穿上"义例如下：

唯著龙头，浪放不系。（养牛、马、驴、骡/第五十/406）

"依附、沾"义例如下：

与面则味少，酢多则难著矣。（炙法/第八十/623）

"放置"义例如下：

见世人耕了，仰著土块，并待孟春盖，若冬乏水雪，连夏亢阳，徒道秋耕不堪下种。（杂说/22）

取二七豆子，二七麻子，家人头发少许，合麻、豆著井中，咒敕井，使其家竟年不遭伤寒，辟五方疫鬼。（小豆/第七/116）

浸法：著水中，如炊两石米顷，漉出。（种麻/第八/118）

著坑中，足蹋令坚。（种瓠/第十五/167）

子有两人，人各著，故不破两段，则疏密水裹而不生。著土者，令土入壳中，则生疾而长速。（种胡荽/第二十四/208）

以苦酒六斗，盛铜盆中，著火上，使小沸。（种姜/第二十七/220）

以煮寒食醴酪火栝著树枝间，亦良。（种李/第三十五/276）

经年，至春地释，分栽之，多著熟粪及水。（插梨/第三十七/286）

取醋石榴两三个，擘取子，捣破，少著粟饭浆水极酸者和之，布绞取渖，以和花汁。（种红蓝花、栀子/第五十二/366）

煎法一同合泽，亦著青蒿以发色。（同上）

其屋，预前数日著猫，塞鼠窟，泥壁，令净扫地。（造神麹并酒/第六十四/490）

皆少著，不用多，多则失羹味。（羹臛法/第七十六/589）

2.2.18.4 "安"

"安"在《要术》中用了55次，名词21例，语气词7例，动词表"使安定"义8次，"匹配"义1例，"放置"义18例。

"使安定"义例如下：

《诗》《书》所述，要在安民，富而教之。（序1）

"匹配"义例如下：

杵头大小，令与臼底相安可，杵头著处广者，省手力，而齑易熟，蒜复不跳也。（八和齑 / 第七十三 /567）

"放置"义例如下：

书厨中欲得安麝香、木瓜，令蠹虫不生。（杂说 / 第三十 /227）

去根一步许，掘作坑，收卷蒲萄悉埋之。近枝茎薄安黍穰弥佳。（种桃柰 / 第三十四 /273）

其拘中亦安骨、石。其劚根栽者，亦圆布之，安骨、石于其中也。（安石榴 / 第四十一 /305）

亦可十纸，盖覆器口，安砌泉、冷水中，使冷气折其出势。（种桑、柘 / 第四十五 /327）

比至再眠，常须三箔：中箔上安蚕，上下空置。（同上 /333）

此兽辟恶，常安于圈中亦好。（养羊 / 第五十七 /440）

既熟，擘奠，与汁、葱、苏在上，莫安下。（脯、煎、消法 / 第七十八 /606）

2.2.18.5 "阁"

"阁"在《要术》中用了 3 次，名词 1 例，动词表"放置"义 2 次。例如下：

入五月中，罗灰遍著毡上，厚五寸许，卷束，于风凉之处阁置，虫亦不生。（养羊 / 第五十七 /428）

任意举、阁，亦不用瓮盛。（造神麴并酒 / 第六十四 /487）

2.2.18.6 "停"

"停"在《要术》中用了 4 次，动词表"停止"义 12 次，"贮藏"义 11 次，"停放"义 39 例，"滞留"义 8 次，"停留" 2 次，"放置"义 5 次。

"停止"义例如下：

锄不厌数，周而复始，勿以无草而暂停。（种谷/第三/66）

"滞留"义例如下：

凡下田停水处，燥则坚垎，湿则污泥，难治而易荒。（水稻/第十一/147）

"贮藏"义例如下：

冬日亦得入窖，夏还出之。但不湿，亦得五六年停。（种胡荽/第二十四/209）

若欲久停者，入五月，内著屋中，闭户塞向，密泥，勿使风入漏气。（种紫草/第五十四/377）

"停放"义例如下：

停二日以上，及见风日者，则不复生矣。（种栗/第三十八/292）

凡于城上种莳者，先宜随长短掘堑，停之经年，然后于堑中种莳，保泽沃壤，与平地无差。（种茱萸/第四十四/312）

"停留"义例如下：

但合醅停须臾便押出，还得与桑落时相接。（造神麹并酒/第六十四/497）

"放置"义例如下：

停置，盖瓮，勿令鹿污。（种红蓝花、栀子/第五十二/372）

停置窠中，冻即雏死。（养鹅、鸭/第六十/455）

勿得怪也，但停置，勿移动、挠搅之。（作酢法/第七十一/552）

米释，漉出——停米哉中，夏可半日，冬可一日，出米。（素食/第八十七653）

洒油之后，不得停灶上。（同上）

2.2.18.7 "委"

"委"在《要术》中用了2次，表"委屈"义1次，"放置"义1次。

"委屈"例如下：

止可知其梗概，不可委曲从之。（种谷/第三/73）

"放置"义例如下：

淘不净，令豉苦。漉水尽，委著席上。（作豉法/第七十二/561）

2.2.18.8 "奠"

"奠"在《要术》中用了 82 次，均为动词表"放置"义 72 次。例如下：

半奠。不醋，与菹汁。（羹臛法/第七十六/592）

奠时，去米粒，半奠。若过米奠，不合法也。（同上/592）

临用，写臛中和奠。（同上/593）

辨析：

"置、著、着、安、阁、停、委、奠"，在"放置"义上构成同义关系

"置"。《说文》置，赦也。从网、直。置之本义为貰遣（赦免），转之为建立，所谓变则通也。由此而来的表"放置"义，强调"把东西放下"这个动作指向的处所。《要术》中用例如："一夜置霜露中，即春"指将稻谷放在特定某处；"收梨置中，不须覆盖"指将梨放在土坑中。当然作为通用词汇，也有强调放的动作本身的。如："中箔上安蚕，上下空置"与"外复以草围之，以葛十道束置"强调放置的形式。

"著"。《汉语大词典》里收"放置"义。作动词时也表"依附"义和表明显趋向的介词"在"表处所，所以《要术》中"著"的相对于"置"更强调将一物放在另一物体的"里面"。分三种情况：一是放在容器中。如"著器中""著瓷、漆盏中令凝""屈著坑中""著瓮器中""著瓷碗中""著大盆中""著丁香于粉合中""著瓦瓶子中""著构中""著铛中""著铜器中""著甑中""著细草于窠中""著坰中""著筐中""著盘中""盛著笼中""著胡饼炉中""著坑中""著铜钵内"。二是放在另一物体里相混杂包裹。如"截著

热灰中""著水中""著汁中""著酒中""著汤中""内著羊肚中""著鱼池泥中""著肉中""著酪中及胡麻饮中""米里著蒿叶一把"。第三是放在某个处所里。如"著怀中令暖""著日中""著砖孔中""地窖著酒""入著腹中"。当然"著"作为《要术》时代的通用词汇，其也可以表示"放置"在某物之上，如"以粟糠著布上""著干地""合著阴润之地""盐著两鼻中""著疮上"等。甚至表示泛指的处所。如"多著水煮即间羔羜别著一处"。《要术》中"著"还有大量不强调处所，只表示放的动作的用例。如"不著胡粉""蓼宜少著""著四升作""著井花水一碗"。

"安"。《说文》安，静也。从女在宀下。后引申为"安定"之义。表"放置"义的时候强调动作后面的位置，隐含有"（安）放于某处"的意思。《要术》中的用例都特别强调安放的处所，例如："糠上安灰"，"勿令安厂下"，"皆须安砖石，以离湿润"，"每行必茎叶颠倒安之"。

"阁"。阁，所以止扉也。从门各声。本义是防止门扇反弹关闭的木棍。《汉语大词典》收有"安放"义，强调将东西以某种理由放在某处为佳。如"于风凉之处阁置，虫亦不生"。

"停"。停，止也。从人亭声。表"放置"义时也带有放的时间比较长的意思。① 《要术》中比较明确归入"放置"义的用例中，"停置"连用了 3 次，表示放置时间较长，另外 2 例："停米豉中，夏可半日，冬可一日"强调了米和豉相混的时间较长。"洒油之后，不得停灶上"表不能长时间放在某处。

"委"。委，随也。从女从禾。本义为"顺从、跟随"，后由此义引申出"依托"及"放置"义。《汉语大词典》收"放置"义。《仪礼·乡射礼》："弟子取矢，北面坐委于楅。""委"表"放置"义时受"依托"义的影响，强调放置时方式为"将一物顺势依托放于他物"。《要术》的用例"淘不净，令豉

---

① 《要术》中的用例包含有"停放""贮藏"和"放置"义，三义在很多时候不好区分，特别是"放置"义跟"停放"义。

苦。漉水尽，委著席上。"就是将豉依托摊放置于草席之上。

"奠"。奠，置祭也。从酋。酋，酒也。本义为置祭品祭祀鬼神或亡灵，引申为"放置"义，强调静放较长时间。《要术》中有例子"奠时，去米粒，半奠。若过米奠，不合法也。"这里有明显的时间要求。

语义上，"奠"和"停"有停放待用的意思；"置""著"和"安"凸显放置的处所，其"置"更强调将一物放在另一物体的"里面"；"阁"表有母的地放置，"委"表随意放置。

语法语用上。从词语出现频次上看："置"92 次，"著"出现 242 例，"安"18 次，"阁"2 次"停"5 次，"委"1 次，"奠"72 次。其中"著"和"置"为此时期的核心词汇。① "置"形式多样，有方位可以在后，如"置之阳地""置布于上"；也可以在前，如"床上置箔"。动词支配的对象也比较灵活，如"置土覆之"；也可在后"以实置孔中""布置其上"。结合能力强，句法中修饰动词的状语很丰富，出现了"直置""束置""裹置""积置""浸置""空置""覆置""聚置""举置""盛置""封置""贮置""卧置"等，更出现了表程度的修饰"重置""常置""初置""假置""多置""停置"等。"著"除了拥有强大的词法上的结合能力外，句法上也比较灵活。既能接补语表处所方位，也能接丰富的宾语。如"著脂烙之""少著粟饭浆水极酸者和之""窠别著一枚以诳之""鸡子三十枚著肉中""预前数日著猫"。

2.2.19 敕、告、晓、示、知、（喻、譬）（告知）

2.2.19.1 "敕"

"敕"在《要术》中用了 4 次，动词表"诫饬"义 2 次，"告知"义 2 次。

---

① "奠"虽然有 72 次，但大多用在食物处理上。

"诫饬"义例如下：

五谷既登，家储蓄积，乃顺时令，敕丧纪……（杂说/第三十/240）

"告知"义例如下：

种甘桔千树。临死敕儿曰……（序/10）

付敕屋吏，制断鼠虫；三时言功，鼠不敢行。（种桑、柘/第四十五/334）

2.2.19.2 "告"

"告"在《要术》中用了4次，动词表"祷告"义1次，"告知"义3次。

"告知"义例如下：

告之曰："欲速富，畜五牸。"（序/8）

命田官告民出五种，大寒过，农事将起也。（耕田/第一/45）

"祷告"义例如下：

惠彼小人，亦恭亦静。敬告再三，格言斯整。（涂瓮/第六十三/479）

2.2.19.3 "晓"

"晓"在《要术》中用了4次，名词2例，动词表"知晓、了解"义1次，"告知"义1次。

"知晓、了解"义例如下：

说者不晓，乃读为升合之"合"，又改作"台"，竞为解说，失之远矣。（货殖/第六十二/471）

"告知"义例如下：

鄙意晓示家童，未敢闻之有识，故丁宁周至，言提其耳，每事指斥，不尚浮辞。（序/19）

2.2.19.4 "示"

"示"在《要术》中用了 1 次，动词表"告知"义。

鄙意晓示家童，未敢闻之有识……（同上）

2.2.19.5 "知"

"知"在《要术》中用了 35 次，名词 3 例，动词表"了解、懂得"义 23 次，"辨认"义 5 次，"结交"义 1 例，"告知"义 1 例。

"了解、懂得"义例如下：

今江南知桑蚕织履，皆充之教也。（序/8）

"辨认"义例如下：

欲知蚕善恶，常以三月三日，天阴如无日，不见雨，蚕大善。（种桑、柘/第四十五/332）

"结交"义例如下：

戚以饭牛见知，马援以牧养发迹。（养牛、马、驴、骡/第五十/383）

"告知"义例如下：

吾欲占岁苦乐善恶，可知否？（杂说/第三十/247）

2.2.19.6 "喻" 跟 "譬"

尚有"喻"跟"譬 2 词出现在《要术》中，不过都属于引用。有做动词表"告知"义各 1 次。

帝谓侍臣曰：彼非欲服食者，以此喻朕耳。（卷十菖蒲五五）引自《神仙传》

法引曰：譬诸虫，虽久多完。（白醪麴/第六十五）

辨析：

"敕、告、晓、示、知、（喻、譬）"，在表"告知"义是构成同义关系。

"敕"。敕，诚也。臿地曰敕。从攴束声。表示"告知"义项时有两种倾向：一是上告知下，汉时凡尊长告诫后辈或下属皆称敕。二是命令责备式的告诉对方。强调说话者和听话者身份的不一致，包括现实社会身份和特定言语环境中的话语权力身份。《要术》两种情况都有所体现，如"临死敕儿曰"就是父亲告诉儿子；"付敕屋吏，制断鼠虫；三时言功，鼠不敢行"则表示命令式地要求。

"告"。《说文》告，牛触人，角着横木，所以告人也。从口从牛。古人在牛角上系横木，用它来告发罪人，横木撞到谁，谁就是罪人。表"告知"义比较复杂，分几种情况。一是表上告知下。《释名·释书契》："上敕下曰告，告，觉也，使觉悟知己意也。"《要术》有例，告之曰："欲速富，畜五牸。"表示孔子告知学生。二是表下告知上。"密问女。女具以告父"[1]。另还有一种"广而告之"。如"命田官告民出五种，大寒过，农事将起也"。

"晓"。晓，本义是"天亮"，后引申为"明白"。表"告知"义时，强调告知的结果，意思为"使……明白"。"示"通常表"把物体或者信息呈现给人看，让人知道"之义，在表"告知"义的时候也强调通过一定手段和媒介让听话方理解。《楚辞·九章·怀沙》："怀瑾握瑜兮，穷不知所示。"王逸注："示，语也。"[2] "晓"和"示"强调告知的目的，一般是上告知下，有识告知无识。《要术》中"鄙意晓示家童，未敢闻之有识，故丁宁周至，言提其耳，每事指斥"表贾思勰创作的目的就是要"告知"那些低文化的劳动人民一些知识和道理。"知"表"告知"义，与"晓"一样也强调告知的结果。《要术》中"吾欲占岁苦乐善恶，可知否"的用例，就是能否告知我的意思，隐含"使我知"之义。这三个词相对而言，"知"和"晓"强调听话者被动地接收到信息，以至于明白和了解。"示"强调说话者主动要进行"告知"。

---

① 《要术》引用《搜神记》故事。
② 陆游的名篇《示儿》也表明了"告知"义，强调讲道理让听话者明白。

"喻"。《汉语大词典》收"晓谕、告知、开导"义。"譬",谕也。从言辟声。本义为通过言语"比喻、比方"使对方明白。后引申出"晓谕、告知、劝导"义。"喻"和"譬",《汉语大词典》都收为"晓谕、告知、开导"义,都有形象地通过比喻使得听话者理解说话者表达的内容。在说话者与听话者双方的地位上,由于隐含有"晓谕"义,一般为上对下进行告知,但亦可以为平等关系甚至下对上的告知。《要术》中,"彼非欲服食者,以此喻朕耳"就是表通过形象的比喻便于理解;"法引曰:譬诸虫,虽久多完。"则明显含有劝谕之义。

语义上。这一组同义词表"告知"义,大多说话双方的地位是不平等的。但明显表上告知下的有:"敕""示""告",说话双方地位不明显的有:"晓""知""喻""譬"。除了说话者与听话者地位上的差异外,还有"告知"方式上的差异,"敕"一般是强硬地提要求;"告"则强调受众面较广;"喻""譬"通过打比方的形象方式使得对方明白;"晓""知"强调让告知的结果,对过程和方式并不关心。在说话者的主动程度上看,"敕"、"示""告"比较主动,其他的相对被动。

语法语用上。该组同义词出现的词频不高,其中"敕"有两次,"告"三次,"晓""示""知"各一次,另外"喻"跟"譬"为引用例各出现 1 次。"敕"和"告"能接具体告知的语言内容,例如"临死敕儿曰……"。另一例,"告之曰:欲速富,畜五牸。"其他几个词在《要术》中只能接告知的对象和概述的事由,如"譬诸虫,虽久多完"。

2.2.20 斩、斫、剉、劚、伐、剶(砍)

2.2.20.1 "斩"

"斩"在《要术》中用了 22 次,名词 4 次引自《周官》,动词 18 次,均

表"砍"义，例如下。（其中引《异物志》等3次）

取麦种，候熟可获，择穗大强者斩，束立场中之高燥处，曝使极燥。（收种/第二/58）

取枝大如手大指者，斩令长一尺半，八九枝共为一窠，烧下头二寸。（种柿/第四十/304）

冬以腊月鼠断尾。正月旦，日未出时，家长斩鼠，著屋中。（种桑、柘/第四十五334）《龙鱼河图》

乃命虞人，入山行木，无为斩伐。（伐木/第五十五/381）

雌雄皆斩去六翮，无令得飞出。（养鸡/第五十九/448）

然脊骨宜方斩，其肉厚处薄收皮。（八和齑/第七十三/573）

2.2.20.2 "斫"

"斫"在《要术》中用了31次，作名词3次，动词28次，均表"砍"义。例如下：

获麻之法，霜下实成，速斫之；其树大者，以锯锯之。（种麻子/第九/124）

十日，块既散液，持木斫平之。纳种如前法。（水稻/第十一/138）

种名果法：三月上旬，斫取好直枝，如大母指，长五尺，内著芋魁中种之。（园篱/第三十一/257）《食经》

斫取白杨枝，大如指、长三尺者，屈著垅中，以土压上，令两头出土，向上直竖。（种榆、白杨/第四十六/344）

2.2.20.3 "剉"

"剉"在《要术》中用了38次，均为动词。表"锉磋磨、磨擦"义32次，"砍"义6次。

"用锉磋磨、磨擦"义例如下：

骨汁、粪汁溲种：剉马骨、牛、羊、猪、麋、鹿骨一斗，以雪汁三斗，煮之三沸。（种谷 / 第三）

剉草粗，虽足豆谷，亦不肥充；细剉无节，筛去土而食之者，令马肥。（养牛、马、驴、骡 / 第五十 /405）

"砍"义例如下：

作鱼鲊法：剉鱼毕，便盐腌。（八和齑 / 第七十三）

取肥鸭肉一斤，羊肉一斤，猪肉半斤，合剉，作臛，下蜜令甜。（羹臛法 / 第七十六）

2.2.20.4 "劂"

"劂"在《要术》中用了 14 次，动词表"锄草"义 4 次，"挖掘"义 7 例，"砍"义 3 次。

"锄草"义：

芋生根欲深，劂其旁以缓其土。（种芋 / 第十六 /172）

明年劂地令熟，还于槐下种麻。（漆 / 第四十九 /349）

其劂根栽者，亦圆布之，安骨、石于其中也。（种柿 / 第四十 /305）

"挖掘"义例如下：

其犁不著处，劂地令起，斫去浮根，以蚕矢粪之。（种桑、柘 / 第四十五 /318）

间区劂取，随手还合。（种蒜 / 第十九）

后年正月间，劂移之，方两步一树。（种槐、柳、楸、梓、梧、柞 / 第五十 /353）

"砍"义例如下：

日日剪卖，其剪处，寻以手拌斫劂地令起，水浇，粪覆之。（种葵 / 第十七 /178）

劂取西南引根并茎，芟去叶，于园内东北角种之。（种竹 / 第五十一 /359）

另外，"劂"通"斸"表"锄"义。有 1 例如下：

斸，诛也，主以诛锄物根株也。（耕田/第一/33）

2.2.20.5 “伐”

“伐”在《要术》中出现22次，均表动词“砍”义，有14例引用他书，出现“斩伐”连用。例如下：

入泉伐木，登山求鱼，手必虚。（种谷/第三/62）

春伐枯槁，夏取果、蓏，秋畜蔬、食。（种谷/第三/74）

凡伐木，四月、七月则不虫而坚韧。（伐木/第五十五/378）

木蜜，树号千岁，根甚大。伐之四五岁，乃断取不腐者为香。生南方。（卷十/858）引自《广志》

2.2.20.6 “剶”

“剶”在《要术》中出现15次，均表动词“砍”义，有2例为引用。

至明年春，剶去横枝，剶必留距。（园篱/第三十一/254）

大率桑多者宜苦斫，桑少者宜省剶。（种桑、柘/第四十五/317）

辨析：

“斩、斫、剉、劚、伐、剶”，在表“砍”义上构成同义关系。

“斩”。古代刑罚之一。本谓车裂，后谓斩首或腰斩。后引申为“砍断、砍”义，强调砍的结果，所使用的工具一般为刀斧。《要术》的用例，都有表砍的结果的补语。如：“四扼为一头，当日即斩齐，颠倒十重许为长行，置坚平之地，以板石镇之令扁。（种紫草/第五十四 377）”。即便是接宾语，其实语义中也隐含了，砍的结果。如：“竟夏直以单布覆瓮口，斩席盖布上，慎勿瓮泥。（涂瓮/第六十三 493）”。

“斫”。《说文》：擊也。擊者，支也。凡斫木，斫地，斫人皆曰斫矣。用刀斧砍击。字形采用“斤”作边旁，“石”作声旁。《要术》中所用的工具大多为斧头，斫的对象多为树木枝干和根。如："其犁不著处，劚地令起，斫去浮根，以蚕矢粪之。（种桑、柘 / 第四十五 318 ）"。

"剉"。《说文》：剉，折伤也。剉与手部挫，音同义近。后引申出"摩擦""研磨"义。《要术》中"剉"表"砍"义时强调"细斩"专门表将食物细砍为肉糜。表砍肉为泥，含"斩剁"之义。《汉语大词典》"剉"未收"细砍"义，但在《要术》这两个义项的区别还是存在的。如"剉草粗，虽足豆谷，亦不肥充"是将草磨成粉；"作鱼鲊法：剉鱼毕，便盐腌。（八和齑第七十三 ）"是将鱼肉砍成细末。

"劚"。《说文》：劚，斫斸也。原作斫也。木部有欘字，所以斫也。劚是一种锄头。《国语》：美金以铸剑戟，试诸狗马，恶金以铸锄、夷、斤、劚，试诸壤土。《要术》引用：斸，斫也，齐谓之镃錤。一曰，斤柄性自曲者也。后也表一般的用刀斧类砍义。《要术》里的用例主要指砍去植物枝干。

"伐"。伐，击也。从人持戈。一曰败也。谷梁传：斩树木，坏宫室曰伐。后做"砍伐"义，专指用刀斧砍树木。《要术》用例如："凡伐木，四月、七月则不虫而坚韧。（伐木 / 第五十五 ）"。

"剟"。《康熙字典》：剟，充眠切，音川。去木枝也，表"砍削树枝"义。一般在农业语境中表剪枝。《要术》中的用例如"大率桑多者宜苦斫，桑少者宜省剟"。

语义上，工具上的差异，明显表刀斧类的如"斩""斫""劚"。对象上的差异，"剉"支配肉类，"剟"专指"砍削树枝"，"伐"砍的对象一般是乔木大树。结果上的差异，"斩"强调砍断，"剉"强调砍成细末。

语法语用上，表"砍"义时，"斫"用了 28 次，"斩" 18 次，"剟" 15 次，"剉" 6 次，"劚"跟"斸" 3 次。"斫" 28 次，"斩" 18 次属于该时期的核心词汇。其中"斫"的语法功能较强，即可单独做谓语，又可有丰富的状语和补语，其所接宾语范围也比较宽。如"斫"被状语修饰的情况："三年一斫""不斫""中斫""间斫""岁斫""秋斫""苦斫""速斫";做补语主要表结果有"斫去""斫平""斫取""秋斫欲苦";后接的宾语形式也多样,有代词"之""者",也有比较复杂的宾语"岁斫十亩""须斫去四缘、四角、上下两面,皆三分去一,孔中亦剜去。"

2.2.21 播、布、耩、下、种(播种)

2.2.21.1 "播"

"播"在《要术》中出现8次,均表动词"播种"义,有7例引用他书,出现"播种"连用3次。例如下:

是以太公封而斥卤播嘉谷,郑、白成而关中无饥年。(序)

广尺深尺曰䁖,长终亩,一亩三䁖,一夫三百䁖,而播种于䁖中。(种谷/第三)

2.2.21.2 "布"

"布"在《要术》中用了100次,名词44例,"摊开"26例,"播种"义5例,"展开"义5例,"放置"义18例,"传播"义2例。

"摊开"义例如下:

著席上,布令厚三四寸,数搅之,令均得地气。(种麻/第八/118)

"展开"义例如下:

凡大、小豆,生既布叶,皆得用铁齿漏(金旁)楱纵横杷而劳之。(小豆/第七/114)

"传播"义例如下:

椹麦未熟,乃顺阳布德,振赡穷乏,务施九族,自亲者始。(杂说/第三十/233)

"放置"义例如下（另有"布置"5 例）：

布椽于箔下，置枣于箔上，以杚聚而复散之，一日中二十度乃佳。（种枣/第三十三/263）

"播种"义例如下：

师古曰：播，布也。（耕田/第一/93）

以升盏合地为处，布子于围内。（种韭/第二十二/203）

正月地释即耕，逐场布之。率方一步，下一斗粪，耕土覆之。（种瓜/第十四/158）

先燥晒，欲种时，布子于坚地，一升子与一掬湿土和之，以脚蹉令破作两段。（种胡荽/第二十四/208）

2.2.21.3 "耩"

"耩"在《要术》中出现 32 次，均表动词。其中"用耩耕地"义 21 次，"用耩拨扒梳弄"义 4 次，"用耩播种"义 8 次。

"用耩耕地"义例如下：

耩者，非不壅本苗深，杀草，益实，然令地坚硬，乏泽难耕。（种谷/第三/67）

"用耩拨扒梳弄"义例如下：

三日开户，复以杴东西作垄耩豆，如谷垄形，令稀穊均调。（作豉法/第七十二）

"用耩播种"义例如下：

至春治取，别种，以拟明年种子。耧耩稀种，一斗可种一亩。（收种/第二/56）

泽多者，耧耩，漫掷而劳之，如种麻法。（小豆/第七/113）

待地白背，耧耩，漫掷子，空曳劳。（种麻/第八/118）

2.2.21.4 "下"

"下"在《要术》中出现22次，方位名词193次，形容词58次，动词主要有："播种"义26次，"放，放在"义214次，"用……，使……"义7次，"降下"义5次，"下酒、下饭"义5例，"去掉"义7例，"使……通畅"义有3例。其中表"播种"义出现"下种""耧下"连用。

"放，放在"义例如下：

其所粪种黍地，亦刈黍了，即耕两遍，熟盖，下穬麦。（杂说/27）

于木槽中下水，脚踏十遍，净淘，水清乃止。（种红蓝花、栀子/第五十二/372）

"用……，使……"义例如下：

必欲耩者，刈谷之后，即锋芟下令突起，则润泽易耕。（种谷/第三/67）

细磨，下绢筛，作饼，亦滑美。（大小麦/第十/127）

"降下"义例如下：

常夜半候之，天有霜若白露下（种谷/第三/84）

"下酒、下饭"义例如下：

饮酒时，以汤洗之，漉著蜜中，可下酒矣。（种李/第三十五/277）

"去掉"义例如下：

便速收之，天晴时摘下，薄布曝之，令一日即干，色赤椒好。（种椒/第四十三309）

"使……通畅"义例如下：

以盐淹之，下气、消谷。生南安。（卷十/759）

"播种"义例如下：

候昏房、心中，下黍种无问。（杂说/24）

其法三犁共一牛，一人将之，下种，挽耧，皆取备焉。（耕田/第一/50）

必须耧下。种欲深故。豆性强，苗深则及泽。（大豆/第六/109）

至春，黄场纳种。不宜湿下。（旱稻/第十二/147）

不和沙，下不均。垅种若荒，得用锋、耩。（胡麻/第十三/149）

逐垅手下子，良田一亩用子二升半，薄田用子三升。（种蓝/第五十三/377）

2.2.21.5 "种"

"种"在《要术》中用了 485 次，用作动词 389 次（除《杂说》和引用），主要有 2 个义项：

"移栽"义 223 次，例如下：

茨充为桂阳令，俗不种桑，无蚕织丝麻之利，类皆以麻枲头贮衣。序/2）

"播种"义 176 次，例如下：

敦煌不晓作耧犁；及种，人牛功力既费，而收谷更少。（序/2）

颜色虽白，啮破枯燥无膏润者，秕子也，亦不中种。（种麻/第八/117）

地势有良薄，良田宜种晚，薄田宜种早。（种谷/第三/65）

2.2.21.6 "耧"

"耧"在《要术》中用了 485 次，用作名词 27 次，动词 22 次（主要有 4 个义项，"耕地"义 7 次，"锄草"义 3 例，"用耧梳弄"义 9 次，"播种"义 3 例。其中"耧耩"连用 16 次，"耧"做名词表限定。

"耕地"义例如下：

秋锄以棘柴耧之，以壅麦根。（大小麦/第十/133）

垅燥则薤肥，耧重则白长。率一尺一本。（种薤/第二十/199）

"锄草"义例如下：

先卧锄耧却燥土，不耧者，坑虽深大，常杂燥土，故瓜不生。（种瓜/第十四/156）

"用耧梳弄"义例如下：

以熟粪对半和土覆其上，令厚一寸，铁齿杷耧之，令熟，足踏使坚平。（种葵/第十七/177）

猪性甚便水生之草，杷耧水藻等令近岸，猪则食之，皆肥。（养猪/第五十八/441）

"播种"义例如下：

耧耩埯种，一斗可种一亩。（收种/第二/56）

必须耧下。种欲深故。（大豆/第六/108）

还劳令平，一同春法，但既是旱种，不须耧润。（种胡荽/第二十四/210）

辨析：

"播、布、种、下、耧、耩"，在"播种"义上构成同义关系。

"播"。《说文》种也。一曰布也。从手番声。《书·益稷》："暨稷播，奏庶艰食鲜食。"表示"种下种子"。《要术》用例较少，且有 3 例为"播种"连用。"播"在表"播种"时一般表通用义，强调动作本身："将种子洒下"。《要术》引颜师古的注"师古曰：播，布也。"其支配的对象一般是谷物类。

"布"。段玉裁：布枲织也。织而成之曰布。引伸之凡散之曰布。从"散布、传播"义，再引出"洒播"义。由于其本义布帛由丝麻织品的纤维构成有一定的规律，"布"在表"播种"时强调一定的规整性和计划性。《要术》用例如："以升盏合地为处，布子于围内。（种韭/第二十二）"就是指将种子在一个围好的地里，细心地有规划地进行播种；"正月地释即耕，逐场布之。率方一步，下一斗粪，耕土覆之。（种瓜/第十四）"强调播种的规整。

"种"。《汉语大词典》：把植物或它的种子埋入土中使之生长。《诗·大雅·生民》："荏菽丰草，种之黄茂。"《要术》里"种"在表"播种"义时，常常强调动作的结果。如："若春夏耕者，下种后，再劳为良。（黍穄/第四）"，"燥湿候黄场。种讫不曳挞。（黍穄/第四）"。

"下"。本为方位名词，《要术》中表"播种"义强调"种"的结果，已经播种到地里去了，该播撒动作已经阶段性结束。例如"必须耧下。种欲深故。豆性强，苗深则及泽。（大豆/第六）"强调将种子播到地里。

"耧"。《正字通》：下种具。一曰耧车，状如三足犁，中置耧斗，藏种以牛驾之，一人持耧，且行且摇，种乃随下。"耩"。《广韵》丛古项切，音讲。耕也。是一种耕地的农具。《要术》里这两个词表示"播种"时，"耧"为专门的播种工具，表示耧播。"耩"可以表"用耧播种"。"耧耩"连用的时候，"耧"修饰"耩"特指用"用耧播种"如"泽多者，耧耩，漫掷而劳之，如种麻法。（小豆/第七）""耩"也有"重播"义，如"两耧重耩，窃瓠下之，以批契继腰曳之。（种葱/第二十一）"。

语义上，"播""种"是通用词，"耧""耩"表以特殊的用具进行播种，且当"耧耩"连用时，表"耧种"。"布"强调播撒的规划性，"下"强调结果。

语法语用上，表"播种"出现的频率为："种"176次，"耧"3次，"下"26次，"布"5次，"耩"8次，"播"8次。其中"种"为此时期的核心词，可以单用如："及种，人牛功力既费，而收谷更少。（序）"；也可以接形式多样的宾语和补语，如："先种黑地、微带下地，即种穄种。（杂说）""二月上旬及麻、菩杨生种者为上时。（种谷/第三）"

2.2.22 逼、就、近、附、摩、比、侵、负（靠近、贴近）

2.2.22.1 "逼"

"逼"在《要术》中出现6次，均表动词"贴近"义例如下：

种禾豆，欲得逼树。（种桑、柘/第四十五317）

布麴饼于地上，作行伍，勿令相逼，当中十字通阡陌，使容人行。（造神

麹并酒/第六十四/491)

逼火偏炙一面,色白便割;割遍又炙一面。(炙法/第八十/616)

2.2.22.2 "就"

"就"在《要术》中出现 24 次,连词 1 例,其余均表动词。其中"趋向"义 2 次,"伴随"义 1 次,"放、用"义 11 次,"贴近"义 6 次,另有 3 次引用。

"趋向"义例如下:

无业之人,争来就作。(种榆、白杨/第四十六/342)

"伴随"义李如下:

可煮,以苦酒浸之,可就酒及食。(种竹/第五十一/361)

"放、用"义例如下:

日满,更汲新水,就瓮中沃之,以酒杷搅,淘去醋气。(种红蓝花、栀子/第五十二/368)

以别绢滤白淳汁,和热抒出,更就盆染之,急舒展令匀。(杂说/第三十/235)

"贴近、靠近"义例如下:

望之大,就之小,筋马也。(养牛、马、驴、骡/第五十/387)

尿渍羊粪令液,取屋四角草,就上烧,令灰入钵中,研令熟。(养牛、马、驴、骡/第五十 412)

十字解奠子,还令相就如全奠。(炙法/第八十 621)

2.2.22.3 "近"

"近"在《要术》中出现 32 次,表形容词 13 例。其余均为动词,表"贴近、靠近"义,共 42 次,另有 6 例为引用。例如下:

诸山、陵、近邑高危倾阪及丘城上，皆可为区田。（种谷/第三/66）

凡五谷地畔近道者，多为六畜所犯，宜种胡麻、麻子以遮之。（种麻子/第九/124）

去两头者：近蒂子，瓜曲而细；近头子，瓜短而喝。（种瓜/第十四/153）

种法：使行阵整直，两行微相近，两行外相远，中间通步道，道外还两行相近。（种瓜/第十四/157）

凡耕桑田，不用近树。（种桑、柘/第四十五/317）

2.2.22.4 "附"

"附"在《要术》中出现 30 次，形容词 3 例，其余为动词，其中"附属、依附"义 17 次，"培土"义 3 次，"贴近、靠近"义 7 次。

"附属、依附"义例如下：

稗附出，稗为粟类故。（种谷/第三/60）

以苞之：用散茅为束附之。（作宰（月旁）、奥、糟、苞/第八十一/629）

"培土"：

因隤其土，以附苗根。（种谷/第三/85）

"靠近"义例如下：

于此时，附地剪却春葵，令根上蘘生者，柔软至好，仍供常食，美于秋菜。（种葵/第十七 177）

候其子细，便附土斫去，蘘上生者，复为少桃，如此亦无穷也。（种桃奈/第三十四/269）

明年正月，附地芟杀，放火烧之。（种榆、白杨/第四十六/340）

2.2.22.5 "摩"

"摩"在《要术》中出现 12 次，均表动词。其中"抹平、摩平"义 6 次，

"抚摸"义 3 次，"涂抹"义 2 次，"靠近"义 1 次。

"抹平、摩平"义例如下：

春地气通，可耕坚硬强地黑垆土，辄平摩其块以生草，草生复耕之。（耕田/第一/49）

"抚摸"义例如下：

以薰荐其下，无令亲土多疮瘢。度可作瓢，以手摩其实，从蒂至底，去其毛。（种瓠/第十五/166）

"涂抹"义例如下：

拟入客作饼，乃作香粉以供妆摩身体。（种红蓝花、栀子/第五十二/368）

"靠近"义例如下：

桑生正与黍高平，因以利镰摩地刈之，曝令燥。（种桑、柘/第四十五/327）

2.2.22.6 "比"

"比"在《要术》中出现 32 次，均表动词。其中"比如"义 1 次，"比较"义 7 次，"等到"义 9 次，"贴近、靠近"义 2 次，另有 2 次为引用。

"比如"义例如下：

比如徐木，虽微脆，亦足堪事。（漆/第四十九/349）

"比较"义例如下：

顷不比亩善。（种谷/第三/83）

"等到"义例如下：

瓜生，比至初花，必须三四遍熟锄，勿令有草生。（种瓜/第十四/157）

比至冬月，青草复生者，其美与小豆同也。（耕田/第一/38）

"贴近、靠近"义例如下：

苗长不能耘之者，以钩镰比地刈其草矣。（种谷/第三/83）

麹饼随阡陌比肩相布。（货殖/第六十二 473）

2.2.22.7 "侵"

"侵"在《要术》中出现 3 次，均表动词。其中"侵蚀"义 2 次，"贴近"义 1 次。

"侵蚀"义例如下：

若不留距，侵皮痕大，逢寒即死。（园篱／第三十一／254）

"贴近"义例如下：

稻苗长七八寸，陈草复起，以镰侵水芟之，草悉脓死。（水稻／第十一／139）

2.2.22.8 "负"

"负"在《要术》中出现 5 次，均表动词。其中"背、挑"义 2 次，"靠近，贴近"义 4 次。

"背、挑"义例如下：

教民粪种，负水浇稼。（种谷／第三／81）

"靠近，贴近"义例如下：

近州郡都邑有市之处，负郭良田三十亩，九月收菜后即耕，至十月半，令得三遍。（种葵／第十七／181）

辨析：

"逼、就、近、附、摩、比、侵、负"，在"贴近、靠近"义上构成同义关系。

"逼"。近也。从辵畐声。彼力切。逼，兵临城下。《要术》中表"贴近"义时，强调主动和程度较深。如："逼火偏炙一面"表示将烤肉贴近火苗使之快速变熟。

"就"。《说文》：就，高也。从京从尤。尤，异于凡也。就，往高楼去。"就"有"趋向"义，表"靠近"义时强调贴近的过程。《要术》中表"贴近"

义时如："望之大，就之小，筋马也。（养牛、马、驴、骡/第五十）"含有由远及近的的过程。另外"十字解奠子，还令相就如全奠。（炙法/第八十）"表将分散的物件靠近在一起排列如"全奠"。

"近"。《说文》：附也。从辵斤声。岓，古文近。渠遴切。本义为"攀附、亲近"义，作动词时表"靠近、贴近"时强调关系和距离上的亲近。《要术》用例如："亦任生长，勿使棠近。（种榆、白杨/第四十六）"表示榆树和海棠不宜过于亲近；"则为马蚿，百虫不近井、瓮矣。（醴酪/第八十五）"表示蛀虫不能亲近、靠近储存物品。

"附"。附娄，小土山也。从𨸏付声。《说文解字注》谓土部坿，益也。增益之义宜用之。相近之义亦宜用之。今则尽用附。而附之本义废矣。后表"附着""依附"义，并引申为"靠近"义，强调贴得非常之近，几乎像是依附在其上一样。《要术》表"靠近、贴近"义时均用在"贴地"割除的语境中，如"明年正月，附地芟杀，放火烧之。（种榆、白杨/第四十六）"等。

"摩"。本义为"研磨"。从手麻聲，莫婆切。由相互摩擦引申出"靠近贴近"义。《要术》只有1例，跟"附"一样表"贴地"割除："因以利镰摩地刈之，曝令燥。（种桑、柘第四十五）"。

"比"。《说文》：比，密也。二人爲从，反从为比。《说文解字注》认为本义谓相亲密也。余义俌也，及也……皆其所引伸。《要术》表"靠近、贴近"义时，用例如"麴饼随阡陌比肩相布。（货殖第六十二）"。

"侵"。渐进也。从人又持帚，若埽之进。《说文解字注》认为：浸淫，随理也。浸淫亦作侵淫。又侵陵亦渐逼之意。《汉语大字典》收"临近、到"义表时间的接近。《要术》中有"陈草复起，以镰侵水芟之，草悉脓死。（水稻第十一）"的用例，表示贴水割除杂草。

"负"。《说文》负，恃也。从人守貝，有所恃也。后有与"正"相对另一面"反面"之义。《要术》里出现4次"负郭良田"之说，例如"负郭良田三十亩，九月收菜后即耕（种葵/第十七）”表示靠近房子的阴地。

语义上，改组同义词表“贴近、靠近”义时，程度较深的有：“逼”表尽量逼近。“附”强调贴得非常之近，几乎像是依附在其上一样。“摩”“侵”均表贴近（水）平面。另情态上也有差异：“逼”强调主动贴近；“就”强调贴近的过程（趋近）；“近”关系和距离上的亲近。

语法语用上，就表“贴近、靠近”义出现的频率而言，“逼”有6例、“就”6例、“近”出现42次、“附”7例、“摩”和“侵”各1次、“比”2次、“负”4次。其中“近”为《要术》时期的核心词汇。“近”能做谓语、状语和补语，且能被否定副词修饰。如“三尺大鲤，非近江湖，仓卒难求。（养鱼/第六十一）”。可以跟具体地名、方位等相结合，如“近上流”“近前”“近邑”“近我傍”“近地”“近道”“近蒂子”“近头子”等。其他如“逼”用例虽少，但语法功能也比较活跃。即可单用也可接宾语，如“种禾豆，欲得逼树。不失地利，田又调熟。绕树散芜菁者，不劳逼也。（种桑、柘/第四十五）”。也出现“相逼”“痛逼”被程度副词修饰的情况。

从全部构建的227组中选取22组（约10%）作为具体辨析的对象，希望能通过局部的探讨，反映整体问题。下面从语义和构组成员数量分布上看这22组同义词在《要术》里存在的状况。

上述22组同义词，对《要术》在内容上的覆盖比较全面，基本涉及农业生产和加工的全过程。 主要有三类分别是：第一类表示农业生产过程的同义词组：有“种、栽、莳、植（殖）、树、稼、插”（移栽）；“芟、拔、薅（拔草）耨、耘（芸）、芰、锄”（除草）；“播、布、种、下、耧、耩”（播种）。第二类表示农业加工方面的同义词词组：有“浸、沃、淹、渍、沤、脯、澡”（浸泡）；“湉（渫、煠）、沙、瀹（汋）”（暂煮以脱腥苦味）；“挹、贮（抒）、接”（舀）；“滤、漉、济”（过滤）；“践、蹑、踏、履、蹉、蔺、蹙（蹴）”（踩踏）；“淘、洗、汰、沙、涤、濯、荡、疏、浣、澡”（淘洗）；“浇、淋、洒、灌、溉、沃"（浇淋）；"曝、晒、炙、熇、爆、暵"（晒太阳）；"置、著、着、安、阁、停、委、奠"（放置）；"泥、糊、涂、塞、封、闭、壅"（涂抹或堵塞至封闭）"；"浥（裛）、败、坏、动"（变质）；"摊、布、敷、铺、排、施、罗、薄"（摊开）；"劀、刈（艾）、杀、割"（割）。第三类表示普通日常动作的同义词词组：有"逼、就、近、附、摩、比、侵、负"（贴近、靠近）；"斩、斫、剉、劚、伐、剟"（砍）；"敕、告、晓、示、知、喻、譬"（告知）；"覆、盖、幕、奄、合、苫"（覆盖）；"候、望、观、察、看（视、览）视"（观察）；"食、啖（噉）、吃（喫）、茹"（吃）。

就构组成员数量来说：三字组 4 组，四字组 3 组，五字组 1 组，六字组 4 组，七字组 5 组，八字组 2 组，十字组 1 组。其中六字组、七字组、八字组所占比例大于全书整体同义词成员比例①。其他基本符合整体构组成员的分布情况。

---

① 对成员更多的同义词词组进行具体的辨析，一方面有利于更好地展开辨析，体现同义词词组的同与异。另一方面，也对整体上的专书情况反映存有缺陷。

第3章 《齐民要术》单音节动词同义词的差异分析

//

同义词的辨析十分重要，但是学者们对此的分析方式并不一致，大家更多的是从直观着手，抽出某些区别点来构建自己的辨异理论。有的按照词性的不同对不同词性的词语分别总结，有的从词语的理性意义和附加意义上加以区分。这样可能会使得辨析不成体系，我们认为"词"作为语言单位是可以从语言研究的三个平面上着手，即从语义、语法、语用上分别进行联系和揭示。

3.1 语义上的差异

我们对同义词的辨析本着以词义为单位的标准，分析它们在同义"义位"中限定义素的差别（在本研究中，这种差别是以《齐民要术》出现的实例为依据）。词义是由词的语音形式所联系着的词的内容，是社会集体所限定和理解的词的功用范围。对于词义（词汇意义）我们采用利奇的观点，把词义理解成：理性意义和内涵意义、风格意义、感情意义、联想意义、组合意义、主题意义[29]。其中在语义层面我们主要注意词语的理性义，这是词义的基本、核心部分。其他的意义都是在具体的语境才会体现，我们把他们归于语用那一块。大多数学者都主张把这六种意义统称为附加意义，从地位上加以区别，这也未尝不可。

理性意义可以从两个角度来看，一个是从他实际所对应的客观事物；一个是语言系统对客观世界在语言世界中的切分。有人把他们分别叫作指称意义和系统意义，其实这也就是能指和所指关系的一种体现。在一定的情况下，我们可以认为"词"是由所指的客观事物和在语义系统的位置所决定的。比如说，我们经常在同义词的辨析时提到的陈述视角不同、意义来源不同，这是语言系统内部对同一概念的认识和切分所造成的。而具体陈述的对象不同、情态方式不同、行为处所不同等则更多地是从指称义的角度来进行区分。（可能很多人不同意这种说法，因为指称义和系统义是不能被割裂的，做这样的区分并没有什么理论上的意义）

在对《要术》同义词的构组、辨析过程中，对于语义方面我们主要归纳出以下的差异点：

3.1.1 词义的实际所指不同

构成同义关系的词语，在理性意义相同的情况下，动作行为的实际所指存在差异：

"炮、弗、炙"一组表"烧烤"义时。"炮"，《集韵·爻韵》："炮，《说文》'毛炙肉也'或作炰。"表将（带毛的）肉外用物（通常是泥巴）包裹烤炙，同炰。一般是指鸡、鸭、兔一类的小动物。如："胡炮肉法：肥白羊肉生始周年者，杀，则生缕切如细叶，脂亦切。着浑豉、盐、擘葱白、姜、椒、荜拨、胡椒，令调适。（蒸缹法/第七十七/479）""炮"表示裹在羊肚里进行烧烤。另外《要术》里还有一种放在塘灰中"裹烧"的。"弗"，唐玄应《一切经音义》卷十二"烤肉铁签"。《要术》中作动词，如："弗之如常炙鱼法"，我们把它归纳成一个独立的义位"以铁签串物烧烤"，如"以竹弗弗之，相去二寸下弗。（炙法/第八十/495）""炙"，《说文》"炙，炮肉也。从肉在火上"指靠近火上方，利用火的热能将肉烧熟，跟现在的"烤"基本同义，但是强调的应该在火上方。后来也可指烤其他的东西，如："鸡蛋饼、炙所须，皆宜用此。（养鸡/第五十九/333）。"

还有"种、栽、莳、植（殖）、树、插"一组表"种植"义时。"栽、莳、树"都表示株苗的入土。"栽"偏重于直立将幼苗种植；"莳"多指移栽，"树"强调大的、整株苗木的栽种。而在方式上，"插"指的是"扦插"式的种植，"种"即可表播种也可表移栽（也表统称的种植）。"殖"强调了种植的目的性，植则是种植的总称。

3.1.2 动作行为的情态方式不同

构成同义关系的词语，在理性意义相同的情况下，行为的情态状况存在差异：

"浥（裛）、败、坏、动"一组表示"变质"义时，"浥"表示因湿热闷坏变质；"败"表示受外力的影响而导致的完全毁坏腐烂变臭的变质；"坏"强调时间长而自然产生的变质；"动"表示方法不当已经起变化的变质。

"滤、漉、济"一组表"过滤"义时，"滤""漉"表示向下沥干，分离混合物；"济"不是自然沥干，而是用了挤压的方式。

"候、望、观、察、看（视、览）视"一组表"观看"义时，"候"强调仔细看，并对情况作出评估之义。"望"指向高处、远处看。强调看的动作，不强调结果。"观"表有目的地看。"察"指翻来覆去仔细地看，力图看个究竟。"看"表以手加额遮目而望，是《要术》里的常用词，既可以表粗略地看见，也可以表细致地观察。"视"强调观察的动作和对象；"览"则表示迅速地看。

3.1.3 动作行为程度不一样

构成同义关系的词语，在理性意义相同的情况下，动作行为的轻重缓急存在差异：

"坠、堕、降"一组在"落下、掉下"义上，"坠"从阜从倒人，古多作"队"，与"缒"同源。表示人从山上掉下。它最初的字形可以看出它强调快速地下落。《要术》中："蓬蒿疏凉，无郁浥之忧；死蚕旋坠，无污茧之患（种桑、柘/第四十五/234）"，也是表希望"快速的掉落"。"堕"与"脱"同源，表示愿来连接的东西相互脱离，[30] 如："马生堕地无毛，行千里。（养牛、马、驴、骡/第五十六/277）"马驹从子宫里脱落，主人希望顺产，速度越快越好。"降"从阜从止，表示人从山陵上走下来，这样在引申为落下时，一般速度较慢。如："四月，时雨降，可种大、小豆。（大豆/第六/81）"雨水下降，相对而言只是自然现象，没有主观的快速下降的意思。

"浸、沃、淹、渍、沤"一组：在时间上，"沤"最长，一般表示长期的浸泡；其次是"浸"指的是慢慢的浸润；"沃""渍"则比较短，特别是"渍"通常用时较少。另外，浸泡时用水的量也存在一定的差异。

"践、蹑、踏、履、蹉、蔺、蹙（蹴）"表示"踩踏"义一组，"踏"为通用词汇表用脚踩。"践"强调踩踏的破坏性，"蹑"为轻轻地踩踏，"蹉"在踩踏时伴随着反复搓揉，"蹙"指人正向踩踏，"履"强调踩的实施主体为人，"蔺"同"践"表乱踩压平。

3.1.4 动作行为的支配对象不一样

构成同义关系的词语，在理性意义相同的情况下，所涉及的动作的发出者和支配对象存在差异：

"赐、赏、给、与"一组在表"给予"义时。"赐"一般送出的一方是上位，接受的一方是下位，而这个上位者一般是国君，诸侯。如；"魏明帝时，诸王朝，夜赐冬成奈一奁。（奈、林檎/第三十九/214）"。"赏"也是上位者给下位者，但是对上位者没有明显的要求，只是相对接受者而言。如："秦孝公用商君，急耕战之赏，倾夺邻国而雄诸侯。（序/1）"。"与"在"给与"义上，双方在地位上没有特殊的规定，可以同地位的相互"给"，如："与人此酒，先问饮多少，裁量与之（笨曲并酒/第六十六/392）"。甚至接的宾语可以不是人，如："以清水与之，浊则易。（养鹅、鸭/第六十/337）"这里的"之"是指小鸡。而且"与"很多时候用在动词之后，"给与"对象有虚化的表现："若不作栅，假有千车茭，掷与十口羊，亦不得饱（养羊/第五十七/314）"。

"茹、啖、食"一组表"吃"义时。"茹"的对象是野菜，粗食；"啖"对象是一般是植物（野菜也包括蔬菜、水果），且是生吃。"食"的用法很广，凡是能经咀嚼咽下的都可，甚至包括不需要咀嚼的流质食物。

3.1.5 动作的行为手段不同

构成同义关系的词语，在理性意义相同的情况下，动作行为的工具、手段存在差异：

"耘、耨、锄、芟、芝、薅"等表"除草"义时。"耘"是泛称，其他的都是特称。表锄草的有"耨、锄"这本来是二种锄类，后用作动词；表示用镰刀割除杂草的是"芟"；表示拔草的是"芝、薅"主要工具是手。

"（渫、煠）、沙、瀹（汋）"一组："渫"一般表示在水中暂煮，"煠"要求的相对温度要高一些，有时还指在沸油中弄个半熟。"瀹（汋）"则需要在"菜跟肉汤"中煮。

"覆盖"义一组里，"覆"和"盖"表通用动作。"覆"其动作的工具也很丰富，如：草、根、薪、粪、土、叶、灰、秸秆、头发、嘴唇、肉、酪、麦糠、酥、馘、穰、布、绵、娟、韦、木板、盆等。"盖"用以"覆盖"的物品主要指"布、席、荐、叶、纸"一类平面单薄的物体，也有"盆""碗""瓦"一类的非平面物体。"幕均为"绵幕"专表用丝织品覆盖。"合"一般特指将容器倒扣在另一容器或物品之上。将盆扣在瓮上或扣在席上。"奄"强调覆盖物体比被覆盖之物要大得多。"苫"专指植物编织物盖他物。"蔺"强调草属性物品的覆盖。

3.1.6 动作行为的目的与结果不一样

构成同义关系的词语，动作是相同的，但是动作的目的和结果不一样：

"接、贮"一组表"舀取"义时。"接""贮"对于液体的处理不同，前者可要可不要，后者一般是要的（而且后者在某些时候表对固体物的交接，强调的是两容器之间的交换）。

"浸、渍"一组表示"浸泡"义时。"浸"用水比较多，目的是使得固体物慢慢被浸润、软化；"淹"强调的水面一定要盖住被浸泡物，目的不明确；"渍"浸泡的液体一般是混合的汁液，使得固体物入味；"濩"是为了脱胶。

"搦、绞、迮、抧"一组表"挤压"义。"搦"《说文》搦，按也。从手弱聲。《要术》中表示用手轻压，把团状物压碎；"绞"表用布袋装入混合物，用力挤压使得汁液和残渣分离；"迮"表以重物压迫使之去掉部分水分。如"以板覆上，重物迮之"。"抧"目的是为了用手挤压黏在一起的细粒物品使其分散。如：手抧令解。

3.1.7 动作的侧重不同

构成同义关系的词语，动作是相同的，但是动作的侧重点不一样：

"知、识、解"一组在"知道、了解"一义上，"知"《说文》："知，词也。从口，从矢。"徐锴系传；"凡知理之速，如矢之疾也"，常与"智"通假，表示理性上的理解。如："戚以饭牛见知，马援以牧养发迹。（养牛、马、驴、骡/第五十六/277）"这种了解是深层次的对整个人的认可，属于概括的抽象的认识。"识"本义是"旗帜"，后来引申为"认识"。《玉篇·言部》："识，认识也"，由于其义由"旗帜""标志"一类可以直接观测的物品引申而来，所以一般这种认识是指感性上的。如："虫甚微细，与蚳一体，不可识别，食之损人。（羹臛法/第七十六/465）""解"本义是"分解"。《说文》："解，判也。从刀判牛角。"后引申为"知晓、了解"《广韵·蟹韵》："解，晓也"从本义上来看，有分析、判断之义，其过程中一般必须经过分析、判别才得到的认识。如："世人云："米过酒甜。"此乃不解法候。（造神曲并酒/第六十四/364）"

"劋、刈、割"一组都可以表"割"义：但"劋"偏重于草类，特指"割穗"；"刈"可是各种苗杆类庄稼，甚至木本植物；"割"既表以刀切割，也可是其他形式的切割，偏重于其动作的行为性；"杀"强调的是动作的结果，有"清除"之义。

3.2 语法上的差异

同义词在语法方面的差异更多的表现在词语的构词能力，搭配关系及句中的地位上，作为语言的使用单位，受到语言系统规则的制约。[①]

3.2.1 句法功能不同

这里主要是指能否单独作句子成分和作何种句子成分。"食、啖、吃、茹"一组表"吃"义，前三者的施事可以是人也可以是物，"茹"的施事一般是人。"食"可以带宾语用作使动、为动，能被很多的状语修饰（包括数词修饰），有时可以作定语。"啖"只能被少数如"干""生"等副词修饰，一起作状语。[②]

---

① 汉语词法和句法存在一定的联系，所以本数在具体分析同义词词组在语法上的特点时候，两者往往是混在一起进行表述。

② 句法中除了动词跟其他成分之间的关系外，其所接的对象本身也存在一定的差异，一些《要术》时代的核心词汇，其语法功能往往比较灵活，无论是构词还是句子中的结合和搭配能力都比较强。其所接的定语、状语、宾语和补语往往更加复杂。

"往、到、至、诣"在"到……去"义上，"往"一般是从出发点称，说的是"去哪里，朝哪里"，可以带宾语也可作不及物动词不带宾语。如：吏往皆如言。(序/3)"到"是从达点称，即谓"到达""至"强调的也是到达的目的地，但经常跟"从"一起作状语，可以表示从哪里到哪里，连接出发点与达点。如：汉武帝使张骞至大宛，取蒲萄实，于离宫别馆旁尽种之。(种桃柰/第三十四/)度可作瓢，以手摩其实，从蒂至底，去其毛；不复长，且厚。(种瓠/第十五119)有时后面接"于"带宾语作补语如：昔汉武帝逐夷至于海滨，闻有香气而不见物。(作酱等法/第七十/424)也可以用作被动。"诣"本义是古代去长辈、朝廷处，强调的也是目的地，可以直接接宾语。如：直煮盐蓼汤，瓮盛，诣河所，得蟹则内盐汁里，满便泥封。(作酱等法/第七十/423)

3.2.2 搭配对象不同

在语法上，动词处于一个比较特殊的位置，其搭配对象几乎可以是各种成分。这里主要是指动宾关系不一致，动宾关系是所有语法功能中最重要的问题，许多同义词使用中语法上的差别表现于此。[31]

"言、语、说"一组可以表示说话义，但是"言"只能带事物宾语，如；"若欲取者，但言"偷酒"，勿云取酒。(法酒/第六十七/408)"而语人物和事物宾语都可以带："宜语买杏者：'不须来报，但自取之，具一器谷，便得一器杏。'"至于"说"表示说话义，在《要术》中用得不多，只有3例，都是以"说者"的形式出现作定语，如："说者不晓，乃读为升合之'合'，又改作'台'，兢为解说，失之远矣。(货殖/第六十二/351)"一般来说，"说"只可以接事物，不直接接人。

其他的搭配上，如"浸、沃、淹、渍、沤、脯、澡"一组表"浸泡"义，"浸"的对象很丰富可以是"麻、丁香、豉、米、豆黄、木、馓、鸭子"等。(但全书的用例，"浸"一般接"子"；"渍"一般接"种")。另外"浸"的液体也是较多的，如"泔、沸、汤、水、酒、盐汁、药酒"等。而其他的同组成员的搭配能力相对就要弱很多。

3.3 语用上的差异

语用方面是指理性意义和语法特征之外的各种附属色彩意义。虽然它不单独地参与词语义项的构成，实际上我们在字典、词典中也很难把这些具体使用过程中表现出来的东西，很客观的加以体现。但是任何义项只有依靠它才能进入具体的使用状态中去。另外，语用还体现在词语使用频率上，这能表明同一组同义词义场的语用分布情况，虽然《要术》作为农业科技类专书赋予了一定的语体和语用特点，但单纯的频次，也能说明不少问题。

"秀、色、作、生"一组在"开花"义上，"秀""作"一般用于书面语，如："槟榔树，高丈馀，皮似青桐，节如桂竹，下森秀无柯，顶端有叶。《林邑国记》（五谷、果蓏、菜茹非中国物产者/槟榔三三/600）"；"香炉峰头有大盘石，可坐数百人，垂生山石榴。三月中作花，色如石榴而小淡，红敷紫萼，烨烨可爱。《庐山记》（安石榴/第四十一/220）"。"生"用于口语当中较多，如："惠帝二年，巴西郡竹生紫色花，结实如麦（《晋起居注》（五谷、果蓏、菜茹非中国物产者/竹五一/634）"。"色"有比较明显的南方方言的特色，如："刘树，子大如李实。三月花色，仍连着实。《南方草物状》（五谷、果蓏、菜茹非中国物产者/刘二四/589）""色"在《要术》中用了 197 次，动词义位指标"开花"有 16 次，不过都是引用。10 次引自《南方草物状》，6 次引自《南方记》。这个组 4 个成员都是在引用它书的时候才使用了该义项。由于本专书研究注重其农业性、完整性，所以暂时将之全部收入。由于来自不同时代，不同专书，其风格差异较大，选用的词语也包含了时代特点、地域特点和个人特点。还有些词语其使用环境的不同，感情色彩的不同也是属于语用方面的差异。

第4章 《齐民要术》单音节动词同义词研究的理论探讨

4.1 专书研究的封闭性[①]

专书研究最大的特点就是它的封闭性，这种封闭性主要是研究对象的封闭性。为了表示词义的发展的阶段状态，我们可以用若干本具有代表意义的专书来描写这个时代的语义、词汇，每一本专书在封闭的状态下体现出时代的一个侧面。我们研究的是这本专书的内部系统，在本专书的范围之内，以本书实际使用的情况为准。但在完全封闭的状况下，一本专书，即使是容量较大的专书，也存在词汇、语义上对时代反映的不完整性。具体的单个的研究，应该放在大时代的考虑之下才能确定它的位置和意义。另外，词汇的历史继承性又要求我们，不能脱离对词语本源与引申义序列的关注，从这个方面来讲又不能绝对的封闭。单音节动词同义词相对于词汇系统来说是不完整的，有时词义的确立和辨析很难从同一组同义词的语义互补中找到出路。我们较难把握研究的封闭性，既不超出专书的实际使用情况，又不至于陷于系统内部难以互证的局面。

---

① 当然，这种封闭性的研究同样需要立足于中古汉语词汇的普遍规律和时代特色的开放性的基础之上，两者为矛盾的统一体，否则很难在几个孤例中找出客观具有说服力的证据。本书由于时间仓促，很多对于同义词义位的归纳，可能失之严谨。主要体现在对语料的处理上将一些应用的语料纳入到同义词构组中来；另外对于义位的归纳在处理上下位的关系时抱以从宽的原则。

蒋绍愚认为："随意截取任何一个'当下'都是过去发展的结果，都制约将来的发展。没有纯粹'同质'的语言系统。所以必须上挂下联，方可将在时间坐标点标示出来，凸现它的特点、地位。"[32]理想状态应该是将专书的语料"内证"同其他的相关语料（训诂材料和同时代的文献）"外证"结合起来，横向把握；同时"上挂下联"从历时上了解其发展的阶段性特点。

科技文献的词汇研究，更不能局限于专书内部。一些专业性的词汇，其言语义难以把握，必须要有专业的辞典书籍的帮助。不过，他们也只是起参考性的作用，不能代替原文。这些材料都只是一种辅助的印证，我们主要还是以专书的实际使用情况为准，力求详尽的描写出本专书封闭状态下单音节动词的同义词聚合。

4.2《齐民要术》单音节动词同义词的特点

4.2.1 专业词汇的大量存在

《要术》是一本农业类的专书，其中的农业词汇相当的多。在单音节同义词中与农业直接有关的（描写的典型的农业生产的某个动作）有 46 组，约占总数的 20.2%，间接相关（即可在农业生产中出现又可以是一般的动作）的有 73 组约占总数的 32.15%。两者加起来达 52.35%，占了很大的比重。（其他的词汇，也与农业有着一定的关系）。如果将每个单音节词出现的词频进行统计，估计在全书字数的一成左右。还有些在同一组内，专业词汇和一般词汇相混杂。通常是一般词汇表示的是通用义，专业词汇表示的是该义位具有某特征的一个方面。

当然，由于农业专业词汇的大量存在，也对同义词研究造成了不少影响。首先，构组上难以把握，其专业术语上的细微差别和特殊所指，使得义位的归纳存在一定的随意性。特别是专业词汇和普通词汇在同一组的情况，往往可能使得一些不需要入组的词最后聚齐在同一义位下。其次，辨析上存在一定的困难，很难单纯根据《要术》里有限的语境归纳来描述同义义场，必须对中古时代的农业技术有一定的了解①。

4.2.2 同义词组成员的增多

从《要术》里面共归纳出单音动词同义词 227 组，包含单词 731 个（同一词语以不同义项重复出现的亦计算在内），平均每组 3.22 个。其中两词一组的共 84 组，占总数的 37%，三词一组的有 71 组，占总数的 31.2%，四词一组的 45 组，占总数的 19.8%，五词以上（含五字）的 29 组，占 12.7%。单组中同义词成员最多的有 10 个词，仅一组。四词以下的组共占 87.3%（其中二、三词一组占 68.2%，四词一组占 19.8%），是《要术》单音节动词同义词的主体。②

和《要术》大约同时的《世说新语》（刘义庆，公元 403 — 444 年）里面：单音节动词同义词共 330 组，包含单词 916 个（同上），平均每组 2.77 个。其中两词一组的 168 组，占 50.9%；三词一组的 98 组，占 29.7%；四词一组的 36 组，占 10.9%；五词及以上的有 27 组，（最长的一组有 9 个词）占 8.5%（高钰京没有单独研究单音节，我们把动词同义词组的复音词给予排除得出的结果）。[33] 三词以下的组占 80.6%，是《世说新语》单音节动词同义词的主体，四词一组的只有 10.9%。

比较可以看出《要术》有以下两个变化：（1）单音节动词词组相对较少，《世说新语》有 330 组，《要术》只有 227 组。但从整体上来说，单组构组的

---

① 而在这一点上，本书做得非常不够。

② 《要术》中出现了五字组占 10% 以上，有一个重要原因就是对于"义位"的认识相对较为宽松。如"淘、洗、汰、沙、涤、濯、荡、疏、浣、澡"一组，该组有些成员的入组就比较宽松，取的就是一个上位义。

成员数量增加了。（2）四词以上的组所占比例加大。《要术》以二、三、四词组为主，四词及以上共占 31.2%；《世说新语》以二、三词一组为主，四词及以上仅占 19.4%。原因主要有两个方面：

（1）内部原因。专业词汇的集中出现，使得一定范围内的同义词数量增多。科技文献特别是像《要术》这种科普性的作品，词汇语义范围相对较窄，使用的词汇量总体上来讲较少，但就某个领域的讨论比较集中，对同一语义场切分较细。像表"种植"义，《世说新语》只有"种""植""树"而《要术》还出现"栽""插""莳"分别表示"移栽小苗""扦插""移植"，从而比较全面地组成了"种植"这个义场（当然，这种义场具有开放性，说它全面只是相对的）。

一些日常词汇在科技文献中出现了"临时义""专业义"，甚至有向专业词汇转化的趋势。这些义项在一般文献中较少用到，是特有的语言环境实现了这种转换。如：表"动物产子"义一组里有，"卧""眠""生""产"四个词，其中"卧""眠"就很少用"动物产子"的义项。《世说新语》里"淘""汰"表"淘洗"义，《要术》新增"沙""洗""涤""荡""疏""浣""濯"。其中"沙"表示洗的对象是器具，"荡"表用很多的水去冲洗。这些义项的分工较细，也不常见，甚至只有在特殊的语境才能实现。

（2）外部原因，不同文体之间的差异。科技文献的表述一般以说明为主，对操作流程和工作对象的介绍，讲究细致、准确。而一般性文学作品比如说笔记小说，以记叙为主，讲究生动、简洁。两种不同的表达方式和目的决定其具体行文时，科技文献会更严谨的区分同义词的使用域，讲究不同的词语选用的准确性，造成共时状态下同义词的更多成员得以进入语义场。如：表"煮"义，《世说新语》用了"烹""煮"；《要术》则区分更细："熇3"（小火久煮），"炊"（煮饭），熬（小火煮干），煎（熬煮）。

还有一个人为的原因，就是我们在执行同义词立义、构组标准的时候，对于一些特殊的农业词汇"立义从细，构组从宽"的指导思想有关。这在下一节我们将展开讨论。

4.2.3 同义词组新旧词交替出现

"依存于社会的语言有自身的发展节奏，它像一个充满生命力的机体，在保持自身稳定的基础上，随时进行着新陈代谢活动，在一定的时期内，词汇中会有相应数量的新词语产生，并流传下去"[34]我们截取任何一个共时加以研究都会发现，一部分词慢慢走向消亡，另一部分正在取代它们。《要术》单音节同义词组里，新旧词语共用现象比较突出，旧的词语还未完全退出人们的交际使用，新的词语（或词的新义）已经进入人们的交际。

比如"剪"和"铰"，表"剪断"义的"剪"在先秦时期就已经出现，《墨子·公孟》："昔者，越王句践，剪髪文身，以治其國。"到了《要术》里面"剪"用了 34 次，支配的对象可以是动物的毛发也可是植物，仍然是个占优势的词语。"铰"在《汉语大词典》以《要术》的用例作为始见书证。《要术》中它共用了 14 次，支配的对象只能是动物的毛发。

表"折断"义的"捩""折"，"折"在东汉时期出现，《古诗十九首·庭中有奇树》："攀条折其荣，将以遗所思。"《要术》里共用了 14 次，指苗木和骨头的折断。"捩"表"折断"义，始见于《要术》（汉语大词典书证）。出现了 1 次，"其苗长者，亦可捩去葉端数寸，勿傷其心也。（旱稻/第十二/107）"表示折断叶子。

中古时期汉语变化较大，新词新义不断出现，整个词汇系统显得特别的纷繁复杂，词语也是新旧杂陈。汪维辉在《六世纪汉语词汇的南北差异——以〈齐民要术〉和〈周氏冥通记〉为例》里，从特用词语和同义异词两方面指出南北朝时期"南方较多使用新词，北方则相对保守"的语言特点。[34]相对于《世说新语》（代表南方）来说，《要术》语言发展较慢，特别是其作为科技文献，在记录经验的时候，一些旧词显得更准确、更易理解。但《要术》又是一本口语化极强的专书，为了便于向平民传播知识，又不得不将口语当中很多的新词新语真实保留下来。

4.2.4 同义词里口语词较多

中古文献的语言特点跟上古汉语那种强烈的书面性不一样，其口语与书面语的竞争体现在文献里，词汇系统表现出两者相互混杂的情形。柳士镇认为："在魏晋南北朝时期的文献典籍之中，在部分作品中又夹杂了口语色彩较强的词语。[35]"魏晋是中古大量口语词进入书面语的时候，《齐民要术》里书面语与口语的关系实际上比较复杂，口语含量一定程度上大大增加了，但书面语依然保持强劲的势头，两者是共存的。

这种词汇系统性质的变化，《要术》的单音节动词同义词也可以看到。像表"开花"义的中的"生、色"口语性较强，但是"作、秀"又是典型的书面语；表"播种"义的"下、种"与"播、布"；表"脱粒"义的"脱"与"打"也是这种关系。还有些同义词组，其成员都是口语词，如表"平土"的"劳、杷、平、摩"；表"装入"的"灌"与"装"。另外，新词新义的产生，往往先是活跃在口语中，所以上文讲到的两个新词新义"铰"与"捵"应该都自当时的口语词，这一类进入同义词组的新词还有："摊"（摊开）、"下"（佐餐）、"捵"（挤压）、"泥"（涂抹）等。

黄金贵认为："古汉语同义词的构组应以文言书面语的名词、动词、形容词为主体。"[36]中古汉语的情况已经发生了变化，《要术》写作"采捃经传，爰及歌谣"，书面语与口语二者并重，口语词大量出现使得《要术》的语言风貌严谨又显得亲切。

4.2.5 同义词成员的地位不平等，但组内专业词汇的地位并不占优势

一个同义词组成员的地位往往是不平等的，总是有些成员居于中心地位。其使用频率明显高于其他的词，我们把这些词叫做"常用词"。它是这个同义词组的核心，其他的非中心词通过同义的关联，聚集在中心词的周围。[37]

如：表"栽种"义一组，在此义位上"种"用了 223 次，"树"用了 27 次，"插"用了 4 次，"莳"用了 3 次，"植"用了 5 次。"种"明显高于其他几个词语，其构词能力也比其他的几个词要强，如："种植""�

穞种""耧种""溉种"等。应该是这一组的常用词。

"浸、沃、淹、渍、沤"在表"浸泡"义时，"浸"用了 48 次，"沃"用了 9 次，"淹"用了 2 次，"渍"用了 20 次，"沤"用了 3 次，其中"浸"和"渍"用得比较多，处于中心地位。

在同义词词组里常用词适用的范围广，专用性不强表的是通义，所以一般不会是专业词汇，如："浸""种"。在专业语境下，同义词组内专业词汇并不占优势。我们以专书里出现的次数为标准来确认常用词，其中也有一些是作者个人喜好而选用的词。在一些专书里有"特有词"，如表"开花"义，《邺中记》和《晋起居记》一般用"生"，《南方草物状》多用"色"，贾思勰多用"作"。像这种情况就没有代表意义，不能算是常用词。但是即使在这样的组里面，成员仍然是不平等的。

4.3《要术》专书同义词研究的几个特点

《要术》单音节动词同义词研究属于科技文献的专书研究，应该不同于泛时研究，在构组、立义、辨析方面都有自己的特点。由于本人理论素养不够，下面仅举在本研究过程中遇见的问题和所采取的一些处理办法，可能并不具有普遍意义。

　　同义词研究是以一个"义位"相同为标准，熔铸"同"跟"异"的一个语义聚合。专书同义词研究的几个阶段都是围绕在义位的基础上进行的：立义是对义位的归纳；构组是对义位的核心"义素"的确认；辨析则是解剖义位包容性下其成员的分工合作。它要求研究者对"义位"的把握要到位，在一定的语义系统内部，从"言语义"的尽量收集，到对"义点"的提炼综合，最后参照所处的语义系统环境归纳出"义位"。相对于泛时研究的义位和词典学里的义项，此"义位"具有该专书独有的语义特点。义位的归纳处于某个语义系统的前提之下，不同的语义系统其义位的把握也应该是不一致的。在实际的操作中，义位会受到专书语义系统特点及研究目的的影响，像《要术》这样的科技类专书，其义位的归纳和义位内部容许的差异与泛时研究甚至同其他的专书研究相比，都应该有自己的特点。对一个语义涉及面窄、语义密度大的专业语义系统作横向的语义切分，《要术》单音节动词同义词研究对"义位"的把握试图作一些初步的探讨。

4.3.1 立义从细[①]

　　古汉语以单音节词为主，单音节词语的语义具有多变性和不确定性，我们往往很难判断一个语境义，它是单独成为一个义位还是只算一个义位变体。比如："接"在《要术》中表示对混合物的分离处理时有 3 种情况：（1）以网状工具或其他工具把水液上或里面的东西弄走。（2）从液体表面，把浮起的东西用工具往外拨弄走，留下干净的液体。（3）指的是"挹出水液"。由于

---

　　① 一般都是先构组再立义，才能使立义能够概括和包容本组成员，但实际操作上的立义有两次。一次是先找"义点"，然后构组，再对构组成员确立统一的"义位"。立义和构组融合在一起，很难分出谁先谁后。科技文献语义切分较细，我们是在专书的语义的归纳基础上进行构组的。如果两个"语境义"在农学语境下相同我们就直接认为是同义关系；如果语境义稍有差异，只要这种差异不属于主要义素也考虑先以此义立"义位"。所以我们是先立义后构组，这里的立义指的既是"义点"也是"义位"，两者可以相互转化。

《要术》中对于这三种情况分的比较清楚，我们归纳出"捞出""撇取""舀出"三个言语义，但《汉语大词典》只有"收取；挹取"一个义项。对于上述问题，我们是把它处理成独立的义位，还是作为一个尚未得到普遍使用的变体（义点）呢？

苏宝荣认为："语言中的词，可以处于两种状态：一种是贮存状态，也是字典、词典所收录的词；一种是使用状态，也就是具体语言环境中出现的词。贮存状态的词是概括的，具有多义性的；使用状态的词是具体的，具有单义性的。"[38]词语在具体的使用当中，往往会表示出临时的话语意义，这些相关的话语义的总和就是该词语的义系，义项的归纳就是对这些相关话语义的归并。充分的展示其使用状态（义点），才有可能进一步科学的"立义"（义项的基本特点是概括性和稳定性）。

"义位"是词汇学的一个概念与词典学的"义项"不是完全一致的："义项"是在归纳泛时"义位"的基础之上确定的，而且根据词典的规模、性质和专业程度"义项"可分可合、可大可小；"义位"具有稳定性和概括性，是对"义点"的提炼，也需要对整个"义系"进行思考，"义位"是个中间概念，它的归纳受这两个因素的影响。不同的专书语义系统构成不一样，与一般专书相比科技文献"义点"细致，"义系"更加严密。这使我们对"义位"的把握也趋向细致，才能为专业"义项"的研究提供更原始的语料。按照"义位"的稳定性和概括性，我们再看这3个言语义在《要术》中的使用状况，"接"表"撇取"义2次，如："其上有白醭浮，接去之"（作酢法/第七十二）；表"捞出"义12次，如："大盘盛冷水着瓮边，以手接酥，沉于盆水中"（养羊/第五十七）；表"舀出"义9次，如："接取白汁，绢袋滤，着别瓮中"（种红蓝花、栀子/第五十二）。

而在专书研究中，我们讲究尽可能的描写当时的语言的使用情况，"立义从细"以便能给那个时代甚至汉语史的词义研究提供直观、细致的参考，所以对那些可合可分的情况，我们一般选择多立一个"义"。专书研究中遵循从大的原则，就有可能将有价值的东西丢弃。"如果在研究过程中随时参考同时代的其他专书中有关词的使用情况而随时判断哪些是语言的，哪些是言语的，并将言语的成分扔掉，那同样会因为参考的专书数量的不全面而对哪些是语言的，哪些是言语的做出不准确的判断。"[39]

另外，科技文献《要术》的单音节同义词研究，主要是反映特定领域的语言面貌，其专业性又要求在词汇研究时，对词汇的独特性和完整性加以考虑，把一些常用词语的在特殊农业语境下的使用义，保留下来当作这个封闭研究的一部分。像在"浥（裛）、败、坏、动"一组："动"在《汉语大词典》中有 16 个义项，并没有"变质"义，在《要术》中却有 16 例用作"变质"，如："但不中为春酒：喜动。（笨麹并酒/第六十六/388）"。在动词"锄"在一般的词典中都释义为："用锄头松土除草"，但是在实际的使用中有些地方是明显的表示"除草"义："有草，锄不限遍数。（伐木/第五十五/275）"；"其垅底草则拔之。垅底用锄 ，则伤紫草。（种紫草/第五十四/272）"有的地方偏重于指"松土"，如："栽时既湿，白背不急锄则坚确也。（种蓝/第五十三/270）"我们在前面进行了统计，"除草"义 32 次；"松土"义 11 次。作为科技文献的研究这种区分是有必要的。

立义从细，立"义"在这里分两个层面：一是言语义的概括，将专书出现的词语初步作出判断，充分体现专书语义的丰富性；二是在对言语义的归纳，确立各言语义之间的内在联系，体现专书语义的系统性。对于科技类的专书来说，两个层面立义都要细。言语义的细致有利于"义位"的归纳；初步归纳的"义位"的细致有利于在构组过程中对近义的组进行比较、归并，将代表这些组的"义位"进一步确定下来，发现本专书中最细的具有稳定性、概括性的语义单位。科技类专书专业义和常用义交错出现，呈近义的专业词汇，各"义点"之间区分意义的非核心"义素"干扰性较大。要想立一个较准确的"义位"，真正做到体现语义内部的系统性，必须把这个过程细化，先从"细"，再在构组时进一步确认。

4.3.2 构组从宽[①]

"一义相同"是本专书同义词构组的最重要标准，同义词必须以词语的一个"义位"进行系联组合。但与泛时研究的大规模的语料处理词义有完整的系统性和很好的验证条件不同，专书的封闭性使得构组的时候随意性较大，大多依靠那些随文释义的训诂和比较宽松的原文相关位置，在系统内部（原文）就直接成组，没法在系统外很好的"移植"（专书当中的用例，其他文献很少有同质的语境可用来相互参证）。取证范围也很难把握，同时期的其他文献，你没有办法完全涉猎，不能肯定词语的义项。由于有了这个不确定性，我们在构组的时候"从宽"。而且，科技文献里专业词适用范围窄，词义切分细；非专业词适用范围广，词义切分较粗。二者混同在一起，使我们不能完全按照言语义来进行构组。黄金贵曾说："凡是有混同性的词，只要不违背一义相同的原则，可以灵活地在共义概念的大小等次上浮动，将它们构组"[40]这样，如果在1个"义"上，有2个或以上分得同样细的专业词，则分立；否则与日常词汇并在一起，混同为1组。如：上文说到的"接"，我们把它分成三个"义位"分别都成组："接、掠"；"接、漉""接、贮、挹"。从宽处理

---

① 当然，现实操作的层面下，立义和构组是不可分割的。立义影响到构组，构组又在一定程度上制约着立义。如在"除草"这一语义上有"拔草""割草""锄草""翻土压草"及其他通过不同的农业工具进行除草等情况。这在构组上就存在一个问题，到底是分成几组同义词还是一组呢？比如说加入了"刈""刈"，其在具体语境中有"收割"和"割草"两个义位，与上一级的义位"除草"存在交叉关系，因为有几例"割草"的目的就是为了"除草"。这就涉及到一个构组的宽与细的问题，如果分组太多如"芟"为拔草，是跟"拔""薅"等在"拔"义上构组还是跟"耨、耘（芸）、芟、锄、薅"在"除草"上共构成一组？如果从核心动作来说就应该从严，但如果从语义场义位的归纳似乎可以适当从宽。我们最终构拟成：耨、耘（芸）、芟、刈、锄（除草）；芟、拔、薅（拔草）2组。

可能导致近义、类义情况产生，但由于研究对象、目的的不同，我们也可以认为符合一义相同，其共义是一个上位概念或较大的概念。当然，这样做客观上更能体现组内成员在一义相同情况下的差异，同时使得更多的专业义项被保存。《要术》从"宽"构组出现一些新的情况：

（1）科技词汇语义切分的"细"与构组的"宽"

"从宽"有两种理解，一是：立义的"细"使得构组成员增多。像表"变质"义的一组"动、坏、败、浥（裛）"其中在词典里"动"只有"变动"这个相关的义项，"浥"只有"密闭而使得湿热相郁"义。是因为科技文献语义上"从细"的区分，而使它们有了"变质"义进入构组。从这个角度来说，从细处理导致了同义词组成员的增多，"从细"与"从宽"是一致的。像"腌制"义的"渍、腌、腩、奠"中的"奠"一般归结为"放置"义，但实际使用时出现了"将肉类或者其他食物泡在调味液"（如：细切醋菹与之，下盐。半奠。羹臛法/第七十六/467）的用法，所以从"放置"义中分出一个"腌制"义，得以进入构组。

另一种是：专业义与常用义的区分，使一个词出现多个"义位"分别进入不同的同义词组。在科技文献这个大语境下，很多词组又出现了"专业义"和"常用义"混杂的情况。如："舿"与"舂"表"舂米"义，"舿"专门指把谷物特别是稻类精制去皮的一个动作，"舂"表用杵臼捣去谷物的皮壳。但"舂"也可表一般的"冲击、捣击"。如："舂麷宜久熟，不可仓卒。（八和齑/第七十三/448）"另外有"冲"表示"捣击"，如："取鱼眼汤沃浸米泔二斗，煎取六升，著瓮中，以竹扫冲之，如茗渤。（白醪麹/第六十五/383）"。"捣"表"捣击"："底尖捣不著，则蒜有粗成。""抨"可指"捣击"："抨酥法：以夹榆木椀爲把子抨酥……旦起，泻酪著甍中炙，直至日西南角，起手抨之，令把子常至甍底。（养羊/第五十七/317）"。这些词里面"舿"专用性较强，与其他几个词语的使用域不一样，而科技文献讲究立义的微殊，在这个标准下，我们考虑"𢭏"应该单独立组。"舂"处于中间状况，我们将它拆分到两个组，形成"𢭏、舂"和"舂、捣、抨、冲"二组。其中对"舂"的处理就是基于构组"从宽"，使得它既保留了"专业义"也体现了"常用义"。

（2）"边缘成员"的模糊性与构组的包容性

同义词组的成员在语义上也是不平等的，有典型成员（有的叫核心词或领头词）也有非典型成员。同义语义场中，典型成员一般表通称，没有很多褒贬色彩，语义比较明确，容易做出判断；非典型成员则会突出某方面的特征，使用范围较窄。同义词作为一个横向的语义聚合，具有家族相似性，家族边缘是模糊的，非典型成员的判断比较困难。如："劋、刈、割、杀"一组，"割"表"割取"是典型成员；"刈"既可表一般的割取（但割取的一般是草类），如："刈取箕柳，三寸截之，漫散即劳。（漆/第四十九/251）"也可以表对农作物的"收割"："刈早则镰伤，刈晚则穗折（种谷/第三/45）"这样"刈"与另外的"获、收"在表"收割"时形成同义关系（这一组"收"是典型成员）。"刈"在二组里面都是"边缘成员"，我们能够将它拆分，就是基于语义上的模糊。在两个相关的义场里有一些词处于中间地带，即可归纳到这组也可以归纳到那组，我们做一个细的切分分别包容在两个组里。客观世界是一个"连续统"，人的认知特点使得语义具有连续性、关联性、模糊性。当我们强制地用一种标准切分语义时（比如说同义，建一个个语义场来"规范"各自的位置），往往会出现顾此失彼的局面。科技文献用词求细，很多是非典型成员，我们很难找到另一个同样分得很细的词独成一组，只得将其混同在一个大组面。如："耕、作、锋、犁"一组中"耕"是典型成员，但是"锋"表示的是"翻地""犁"表示的是"以牛耕田"。对于后两者我们认为在"耕地"一大义上相同，将之包容在组内。

（3）语料处理的"从宽"

一般来说引用他人文献不能算作专书研究的语料，《要术》单音节同义词研究，限定的时代是北魏时期，对象是以北方方言为基础又熔铸了贾思勰个人风格的语言。书中引用了大量的文献资料（占三分之一强），而且其引用的情况相当复杂。除了能清楚其来源的部分外，有些与原文比较发生了变化，有些原文已经亡轶，还有的是同时代具有南方色彩的材料。对于这些情况，按照一般的研究方法来说我们应该慎重地加以处理，如果不能很好地判断时代性、地域性，宁可将之排除。但是作为一本农学类的专书，贾思勰引用他书的一些农业类的词语，增加和保存了农业方面的词汇，而且这些被引用的文献大多融入了《要术》的语义系统之内，相对来说也算是属于这个封闭环境。① 很多农业特色的词语其原书已经散失或者原书很难被当作专书研究的语料，可能只出现在《要术》当中。所以，对于一些具有较特殊农业意义的农业词语，只要是同一个时代，我们不论它是不是属于引用都收了进来。如："生、作、秀、色"一组有"生"和"色"属于南方专书《食经》的特用词，我们也暂将其收入。另外，"沙、过、瀹、活"一组中的"沙"是《食经》的特用词，我们在别的文献中没有发现这个"义项"，又不像是错字，比较特别所以加以保留。②

　　总之，立义从细，构组从宽两者并没有逻辑上的矛盾，反而他可以为我们在对同义词组的系统性的追求上，在把握其核心"义素"一致性时强化了某种逻辑必然。细化的、分步骤取得的"义位"，便于相互比较，把"义位"归纳至于语义系统的视野之下；也便于构组时对同一"义位"成员共有核心语义因子的把握，从而灵活处理入组成员和各组分合的问题。

---

　　①　相对来说也算属于这个封闭环境。《要术》是个总结经验的专书，采掇百家融为一炉，我们研究的时候不光是注重其"时代性"，也应适当考虑其"系统性"。所以，对于那些不怎么能够确定其性质的语料，我们采用一种宽松的态度，将这些词汇入组。

　　②　对待这个问题我们也很困惑，好像执行了双重标准处理语料有些随意，又觉得科技文献的"专书意义"应该要宽一些。

4.3.3 辨析应该讲究科学性、专业性

《要术》是科技文献，里面包含许多专业词汇，对于这些词义的认识必须掌握一些农学方面的知识，对其中所表述的劳动流程和内涵真正了解。在具体的辨析中要突出其在特定领域上的差异，除了需要专业类的训诂材料和辞书的帮助，还必须掌握科学的辨析方法。我们将每一组同义词看作一个"系统"，在这个系统里面他们是互补的，各司其职。这样，我们才能在一个"义位"，从共时层面上发现他们的差异。另一方面，我们认为语言义和文化义（这里指时代文化环境与专业语言环境中的言语义）是统一的，结合两个方面才能理清楚词语的位置。更重要的是，同义词的辨析要以其在专书中的实际使用情况为依据。《要术》中有一些词的用例较少只有1—2例的，没有比较，单从专书本身得不出可以让人信服的结论。如：食、啖、吃、茹一组同义词中"吃"只有1个用例，跟其他几个同义词比较，也很难找到它的特异之处。我们就从它的本义和引申义序列入手（本书的辨析对于词的本义非常重视），说明它的语义来源。其他的差异只要在用例中没有出现，就不能以同时代其他专书的用例来加以弥补。那就不是专书研究，而变成时代差异的体现。所以，我们可以参照同时代的用法，但是绝对不能越俎代庖把它书的用法也算在其中。

我们选用了与农业相关联的22组同义词进行辨析，为的就是要突出本专书的特殊性。但是，由于种种原因我们没能够"上挂下联"，跟不同时期的情况作历时比较。对农业词汇专业性的把握尚显不够，只是粗放地通过一些差异分析，来描勒词语的大致面貌。（前面已作语义、语法、语用上的分析，此处不再陈述）

4.4 词义的系统性

4.4.1 同义词组的联系与同义词群①

　　一般来说，每本专书都有自己的一个语义系统，在这个封闭的系统类部，其词义是相互联系相互制约的，很少甚至没有真正脱离这个语义系统而存在的语义。同义词组本身是一个横向的语义聚合，组内以同义关系联系在一起；进一步说，在全书语义系统范围内，同义词组之间也是相互联系的。王宁先生指出，"词汇与词义的总体是具有系统性的，而词汇系统与词义系统—起码是它的局位系统—是可以通过描写显示出来的。"②

　　（1）同义词组间成员的传递（交叉重合关系）

　　单音节动词在某个义位组成一组同义词，又在另一个义位上组成新的一组同义词。两组同义词语义上是相关的，其相关性体现在两组同义词交叉的那个词的两个义位上。而新组里的其他某个成员也以这样的方式进行传递，从而链接多个同义词组。不同组在不同的义位上交叉延伸，我们称之为同义词组间的交叉重合。

　　比如："营、耕、转"在"再耕"上构成同义关系，"耕"同时又与"锋、犁"在"翻地"义上形成同义关系。"锋"在"翻土"组再与"耩"同存现，而"耩"与"播、布、下、种"一起表"播种"；"种"出现在"种、栽、植（殖）、植、树"这组里面，"植"与"莳"又表"移栽"。

---

　　①　这里主要从语义的角度，将《要术》的整个语料文本看作为《要术》的宏大语义场，如何其由无数个小的语义场构成，有些语义场比较发达，由多个构成同义关系的词共同构成一个微观的同义义场。其中，每个同义义场存在其语义分布和功能分布；而每个同义义场也不是孤立的，存在彼此之间各种联系。通过这种联系构建更大语义群落，按照各种不同关系，可以看出《要术》语义系统哪些地方比较发达、哪些关系比较强烈、哪些语义群更富活力等等。

　　②　王宁《训诂学原理·自序》，中国国际广播出版社，1996。

（2）多义词在不同义位的多组同义词（辐射关系）

一组同义词的某个成员在本专书中使用了多个义项，并且在多个义位上都组成了同义词组。这些同义词词组在语义上存在某种联系，从而产生了一个以该词为中心呈辐射状的同义词组群。

比如："接"在"挹、贮（抒）、接"中，表"舀出"；在"漉、接"里表"捞出"；在"掠、接"一组表"撇取"。而"下"在"过、下、案、就"里表"下酒"；在"敛、获、下"中表"收获"；在"投、下、掷"组表"投掷"；在"落、下、零"中表"零落"；在"播、布、下、种"里是"播种"之义。

（3）同语义类别的同义词组集合在一起（平行关系）

不同组的同义词还可以根据其"义位"表达对象从属于某个上位的属概念，归于某一大的语义类别（就像《尔雅》把同义词分成不同义类"亲""宫""乐"等），多组同义词共同的、平行的组成一个大的单语义类别的系统。

如：在表"对种植农作物的中期管理"的时候，有"剪枝"："剗、沐、斫、髡"；"除草"："杀、薙、耨、芟、耘（芸）、薅"；"打花"："打、击、扑、振"；"嫁接"："插、嫁"；"浇水"："浇、淋、淘、漉、沃"；"灌溉"："灌、溉、浇、沃"；"排水"："疏、沦、舍、决、排、写（泻）"。

同义词组按照不同的方式，形成不同关系，不同性质的三种同义词群，而不同的同义词词群也能以这样或那样的形式进一步连接在一起，直至形成本专书比较完整的单音节动词语义系统。其中第一、第二种方式系联的组较少，属于初级别的关联。单个词语引申义序列的实现和词汇间引申义序列的交叉要体现在专书的同义词成组上，受本身"语义"和专书"语境"的限制太大。第三种属于语义类别上的联系，在农学这个专业的语言环境中可大可少，是本书构建语义体系的主要形式。从语义场理论来看，平行、开放的同义义场以类属的结构形式组成大一级的类属义场。

4.4.2 同义词系统的层级性

单组同义词相互联系组成初级的同义词群，初级的同义词群又在语义上与一些同类相似的词群构成更大一级的语义体系。这些词群内部具有一定的层级性。[①]

像"剪"："剪、铰"，这组同义词是表对农作物的收集，如："于此时，附地剪却春葵，令根上藄生者，柔软至好，仍供常食，美于秋菜。（种葵第十七/128）"；对藤类植物，收集上面的叶子或者果实，有"采集"之法："捋、摘、采"一组，如：初生三年，不用采叶，尤忌捋心；捋心则科茹不长，更须依法烧之，则依前茂矣。（种榆、白杨/第四十六/242）；"杀花法：摘取即碓捣使熟，以水淘，布袋绞去黄汁（种红蓝花、栀子/第五十二/263）"对于有些植物需要连茎一起收回，如"拔、抽、轧"表"拔取"义："韭性多秽，数拔为良。（种韭/第二十二/144）"；"仍须用心细意抽拔全稠闹细弱不堪留者，即去却。（耕田/第一/23）""条拳而轧之。不轧则独科。（种蒜/第十九/137）"还有从中折断植株的，如"摾、折"义："其苗长者，亦可摾去叶端数寸，勿伤其心也。（旱稻/第十二/107）"；"折取其美梨枝阳中者，阴中枝则实少。（插梨/第三十七/204）"；""有些是要植物的根，如"掘、劚、掊"表"挖掘"义："九月掘出，置屋中。（种姜/第二十七/157）""亦有锄掊而掩种者，子科大而易料理。（种红蓝花、栀子/第五十二/262）""正月、二月中，劚取西南引根并茎，芟去叶，于园内东北角种之（种竹/第五十一/259）"对一些茎干比较粗大的作物，需要用刀砍削，"斩、斫"一组如："取禾种，择

[①]　语义上的系联，可以构成更大的语义单位。其表现出层级性，则体现出语义场的丰富和严谨。而《要术》通过同义词词组的形式得以揭示，说明其同义义场丰富，且语料具有较好的研究价值。

高大者，斩一节下，把悬高燥处，苗则不败。（收种/第二/37）"；"种三十亩者，岁斫十亩，三年一遍，岁收绢百匹（种穀楮/第四十八/249）"对收获回来的谷类进行脱粒："脱、打"一组，如："按今世有白胡麻、八棱胡麻。白者油多，人可以为饭，惟治脱之烦也。（胡麻/第十三 108）""秋末初冬，梓角熟时，摘取曝干，打取子。（种槐、柳、楸、梓、梧、柞/第五十/255）"上面这几组以类属的方式平行地组成了一个"采集"类的语义系统。

像"收、获、刈"表"收割"义："收刈欲晚。性不零落，早刈损实。（粱秫/第五/79）"；"岁常绕树一步散芜菁子，收获之后，放猪啖之，其地柔软，有胜耕者。（种桑、柘/第四十五/230）"更广的有表单纯的"割取"义："劁、刈、割"几个词主要是动作对象不一样。"劁"的对象是草类，特指"割穗"；"刈"可是各种苗杆类庄稼，甚至木本植物，"割"则可表几乎任何东西（前面已经辨析过）。还有"收获"义的"收、获、穧、敛、下"："稼穑不修，桑果不茂，畜产不肥，鞭之可也（序/4）"；"成树之后，树别下子一石。（种槐、柳、楸、梓、梧、柞/第五十/255）"；"春夏不得不趣田亩，秋冬课收敛，益蓄果实、菱、芡。吏民皆富实。""获不可不速，常以急疾为务。（种谷/第三/50）"，他们共同组成表"收获"类的语义系统。

"收割"类和"采集"类，这两个大的同义词群又可以组合成一个表"收获"的语义层级。而这个语义系统又从属于"种植"类的语义系统，"种植"类的则从属于"农业类"这个大的体系，农业类又林业、牧业、副业、渔业共同形成本书的全部语义系统。这样整个《要术》的词汇就可以以"义位"为基准，分门别类层层推进横向组合成一个多级别的语类网络。

4.4.3 层级构成的语义系统

苏宝荣认为："词义是在历史上产生和发展的。因此认识和解说词义，还应该注意其系统性和时代性。"[41] 时代性决定其特色性，也就是专书研究的价值所在。系统性包括两个方面：一是从属于古汉语词义的发展系统，前后有据可查；另一个是本专书内部语义的相关，可以在这个系统中找到每一个"义位"的位置。《要术》是一本农政全书，从农、林、牧、副、渔几个方面综合反映和记载我国劳动人民的集体智慧。它使用了大量的农业词汇，这些词汇共同组成了本书特有语义系统，单音节动词同义词是这个大系统中的一个小的系统，但也能从这个角度来一睹其貌。

《要术》中"滋生之业，靡不毕书"，贾思勰认为农耕是基本的，动植物的种植、养殖相结合，副业也是必须的，所以他的农业观是包括多个方面的。其"滋生之业"的范畴实际上就是指具有中国特色的传统的多种经营方式。但是其中有以种植农业为重点，从卷一到卷四都是讲种植这一块。由于使用的农业性的同义词词组比较多，下面仅用农业类作为代表，其他林业、牧业等暂不赘言。（图 4-1）

具体的语义体系构建是有一些问题的：像"浇水"这一组，"淘、漉、沃"这几个词还经常用在浸种的环节，表淋水使得种子发芽。"剪"一组中的"铰"表示"剪"的动作，但是其对象是动物的毛。还有表"压土"义一组，"踏、践、蹋、履、蔺（躏）、挞、麼"大多时候表示的只是"踩踏"义，只有在列入这个大语义场的时候，才不得不从属于该语义系统。由于劳动对象的不同导致语义系统中位置的变化，说明现实世界和语言世界存在着极为复杂的关系。我们以简单的标准（劳动流程）来加以划分，词语不完全符合这种专一性的位置，必将出现一些难以归类、定位的问题。

单音节同义词虽然缺少了复音词参与，但其也能自成一个体系，基本反映《要术》词汇系统的面貌。像上面的这个图，它就再现了农作物从"种"到"收"的整个劳动过程。从一组同义词到一个统一的类属词群，相互联系层层推演，集体反映农学的某个方面，然后由这几个大的方面：农、林、牧、副、渔共同构成全书的词汇体系。但从另外的一个角度来讲，这个系统又是

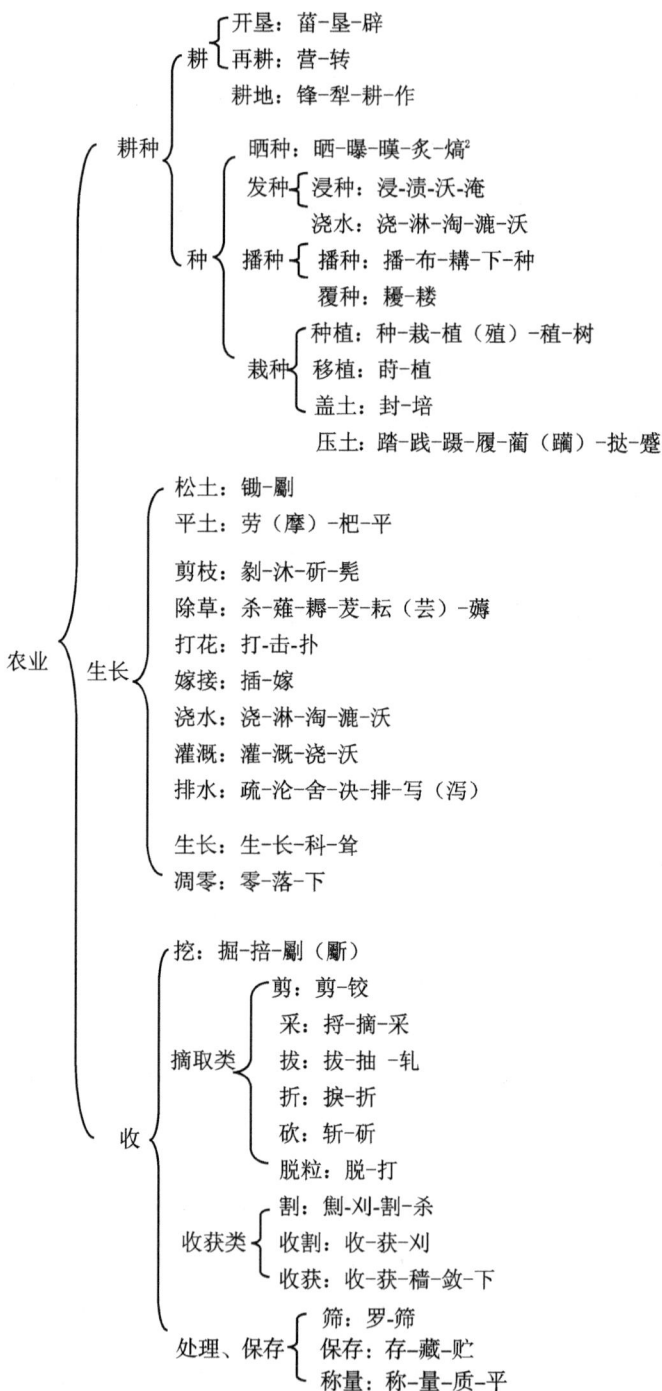

```
                              开垦：菑-垦-辟
                    耕      再耕：营-转
                              耕地：锋-犁-耕-作
          耕种
                              晒种：晒-曝-暵-炙-熇²
                    发种    浸种：浸-渍-沃-淹
                            浇水：浇-淋-淘-漉-沃
                    种  播种  播种：播-布-耩-下-种
                            覆种：耰-耧
                    栽种  种植：种-栽-植（殖）-稙-树
                          移植：莳-植
                          盖土：封-培
                          压土：踏-践-蹑-履-蔺（躏）-挞-蹙

                  松土：锄-劚
                  平土：劳（摩）-杷-平
                  剪枝：剺-沐-斫-髡
                  除草：杀-薙-耨-芟-耘（芸）-薅
          生长    打花：打-击-扑
  农业            嫁接：插-嫁
                  浇水：浇-淋-淘-漉-沃
                  灌溉：灌-溉-浇-沃
                  排水：疏-沦-舍-决-排-写（泻）
                  生长：生-长-科-耸
                  凋零：零-落-下

                  挖：掘-掊-劚（斸）
                        剪：剪-铰
                        采：捋-摘-采
                  摘取类  拔：拔-抽-轧
                        折：揻-折
                        砍：斩-斫
                        脱粒：脱-打
          收
                  收获类  割：劋-刈-割-杀
                        收割：收-获-刈
                        收获：收-获-稛-敛-下

                  处理、保存  筛：罗-筛
                            保存：存-藏-贮
                            称量：称-量-质-平
```

图 4-1

有缺陷的。复音词的缺失使得一些重要的农业词汇失收，语义的系统性显得不那么紧密。比如说：表"春耕""夏耕"一类的复音同义组不能出现，使劳动流程不完整；还有一些同义词组其复音成员减少，让组内语义的互限性和互补性关系弱化了一些。不过，由于中古汉语在农业词汇这一块，动词复合的结合尚不紧密，绝大部分都是单音节词的连用。所以，这种影响又不会特别大。

第5章 结 语

通过对《齐民要术》的描写和分析我们可以看到：

《齐民要术》单音动词同义词研究，从一个侧面静态描写本专书单音节动词同义词的语言面貌。力求为中古汉语词汇研究做一些基础性的工作，探索专业性较强的科技文献专书的同义词研究方法。我们采用"一义相同"的标准，对《要术》单音节动词同义词作了穷尽式的归纳，共得出227组同义词。在此基础上与《世说新语》进行比较，发现《要术》的同义词具有以下几个特点：（1）专业词汇大量出现，并与一般词汇混同在组内；（2）同义词组员数量增多；（3）同义词组新旧词交替出现；（4）同义词组中口语词较多；(5)同义词组员地位是不平等的，但专业语境下组内专业词汇并不占优势。同时，我们选用了与农业相关的22组同义词，在同一义位上进行辨析。总结辨析的方法和辨析成果，得出语义、语法和语用上的10种差异特征。

我们采用黄金贵关于古汉语同义词研究的理论，但在对《要术》单音节动词同义词的研究中，我们发现科技文献同义词的专书研究与泛时研究有所不同：（1）立义从"细"，对专业词汇要作细致的切分；（2）构组从"宽"，体现组内成员在一义相同情况下的差异，同时使得更多的专业义项得到保存；（3）辨析要讲究专业性和科学性。

单音动词同义词在词义上能较好地构成了一个语义网络，形成完整的农业方面的语义系统。体现了同义词组之间的关联性、层级性和系统性。本文以"种植农业"类为例，具体描绘这个语义体系，虽然没有一些复音词的参加，但基本的语义结构还是能够得以体现。

我们在"一个义位相同"的理论上对《要术》单音动词同义词同义义位进行归纳。但农业词汇有很多临时的义项，它们到底能不能作为一个进入同义词构组的义项，有些尚待进一步考证。研究时以保留特色的农业词汇为出发点，对这一类词语，在其进入同义词组时把关力度不大。对于动词同义词的差异分析，以语义差异为重点，从动作行为的不同角度进行辨析，由于时间问题比较研究做得不够，没有去"上挂下联"。另外，对科技文献同义词研究特点的归纳尚嫌粗糙，适用性不是很强有待改进。

《要术》是一本农业类的专书，专业性是本专书的最大的一个特点，这种专业性影响整个同义词研究。包括日常词语进入农业词汇的变化，词语辨析应该注意的动作的准确性和科学性以及在农业方面出现的新词新义，词典编撰方面的补遗工作，限于篇幅都来不及做进一步研究。

参考文献

一、引用参考文献

［1］王 力.汉语史稿［M］.北京：中华书局，1980：34–35.

［2］吕叔湘.魏晋南北朝小说词语汇释·序［M］.北京：语文出版社，1989：11.

［3］太田辰夫.汉语史通考［M］.重庆：重庆出版社，1991：10.

［4］王云路.中古汉语词汇研究综述［J］.古汉语研究，2003，（2）.

［5］汪维辉.试论《齐民药术》的语料价值［J］.古汉语研究，2004，（4）.

［6］汪维辉.齐民要术语法词汇研究［M］.上海：上海教育出版社，2007：4.

［7］缪启愉.齐民要术导读［M］.成都：巴蜀书社，1988：3.

［8］王云路.中古汉语词汇研究综述［J］，古汉语研究，2003，（2）：70.

［9］杨九龙.《齐民要术》的中文信息数据化处理与研究［D］.西北农林科技大学，2000.

［10］蒋礼鸿.中古汉语语词例释·序［M］.长春：吉林教育出版社，1992：1.

［11］史光辉.20世纪80年代以来中古汉语词汇研究的回顾与反思［J］.福州大学学报 2004，（3）.

［12］黄金贵.古代汉语同义词辨释论［J］.上海：上海古籍出版社，2002：5.

［13］王 力.同源词典［M］.北京：中华书局，1982：243.

［14］周文德.孟子单音节实词同义词研究［D］.四川大学文学院，2002：19.

［15］黄金贵.古代汉语同义词辨释论［J］.上海：上海古籍出版社，2002：44.

[16] 洪成玉.古汉语同义词及其辨析方法 [J].中国语文,1983(6).

[17] 徐正考.〈论衡〉"征兆"类同义词研究 [J].古籍整理研究学刊,2001(4).

[18] 周文德.孟子单音节实词同义词研究 [M].北京:巴蜀书社,2002:35.

[19] 宋永培.〈说文〉与上古汉语词义研究 [M].成都:巴蜀书社,2001:505.

[20] 四库个书总目提要补正·农家类·齐民要术十卷 [M].上海:上海书店出版社,1998:791.

[21] 汪维辉.齐民要术词汇语法研究 [M].上海:上海教育出版社,2007:13.

[22] 吕叔湘、朱德熙.语法修辞讲话 [M].北京:中国青年出版社,1952:96.

[23] 刘顺.现代汉语名词的多视角研究 [M].上海:学林出版社,2003:30.

[24] 黄金贵.古代文化词义集类辨考 [M].上海教育出版社,1995:352.

[25] 石声汉.齐民要术今释 [M].北京:科学出版社,1958:322.

[26] 缪启愉.齐民要术导读 [M].成都:巴蜀书社,1988:82.

[27] 石声汉.齐民要术今释 [M].北京:科学出版社,1958:257.

[28] 汪维辉.齐民要术词汇语法研究 [M].上海:上海教育出版社,2007:45.

[29] 邓宏.韩非子单音节动词同义词研究 [D].内蒙古大学硕士论文,2007:34.

[30] 王凤阳.古辞辨 [M].长春:吉林文史出版社,1993:481.

[31] 黄金贵.古汉语同义词辨析论 [M].上海:上海古籍出版社,2002:175.

[32] 蒋绍愚.古汉语词汇学纲要 [M].北京:商务印书馆,2005:306.

[33] 高钰京.《世说新语》实义动词同义现象研究 [D].郑州:河南大学文学院,2005:10-15.

[34] 汪维辉.2004年第四届中古汉语国际研讨会提交论文(未刊).

[35] 柳士镇.魏晋南北朝历史语法 [M].南京:南京大学出版社,1992:90.

[36] 黄金贵.古汉语同义词辨析论 [M].上海:上海教育出版社,2002:284.

[37] 宁燕.《搜神记》动词同义词研究 [D].乌鲁木齐:新疆师范大学文学院,2007:35-36.

［38］苏宝荣.词义研究与辞书释义［M］.北京：商务印书馆，2000：76.

［39］徐正考.论衡同义词研究［M］.北京：中国科学出版社，2004：402.

［40］黄金贵.古汉语同义词辨析论［M］.上海：上海教育出版社，2002：294–295.

［41］苏宝荣.词义研究与辞书释义［M］.北京：北京商务印书馆，2000：86.

二、其他参考文献

1. 语料/辞书类

［1］贾思勰著，缪启愉校释.齐民要术校释［M］.北京：农业出版社出版（第一版），1982.11.

［2］贾思勰著，石声汉释.齐民要术今释［M］.北京：科学出版社出版，1958.6.

［3］段玉裁.说文解字注［M］.上海：上海古籍出版社，1988.2.

［4］许慎.说文解字［M］.北京：中华书局，1963.

［5］徐中舒主编《汉语大字典》，四川辞书出版社，湖北辞书出版社，1986–1990。

［6］罗竹风主编《汉语大词典》，上海辞书出版社–汉语大词典出版社，1986–1993年。

［7］王力著《同源字典》，商务印书馆，1982年。

［8］《古汉语常用字字典》编写组《古汉语常用字字典》，北京：商务印书馆，1993年。

［9］商务印书馆（香港）有限公司出的《汉语大词典》2.0版（光碟）电子书。

2. 著作类

［1］卞成林.汉语工程词论［M］济南：山东大学出版社，2000.2.

［2］池昌海.〈史记〉同义词研究［M］上海：上海古籍出版社，2002.

［3］符淮青.《现代汉语词汇［M］北京：北京大学出版社，1985.

［4］高守纲.古代汉语词义通论［M］北京：语文出版社，1994.

［5］葛本仪.汉语词汇研究［M］济南：山东教育出版社，1985.

［6］何九盈，蒋绍愚.古汉语词汇讲话［M］北京：北京出版社，1980.

［7］洪诚玉，方桂珍.古汉语同义词辨析［M］杭州：浙江教育出版社，1987.

［8］胡继明.〈广雅疏证〉同源词研究［M］成都：巴蜀书社，2002.6.

［9］黄金贵.古代汉语同义词辨释论［M］上海：上海古籍出版社，2002.

［10］贾彦德.汉语语义学［M］北京：北京大学出版社，1992.

［11］蒋绍愚.古汉语词汇纲要［M］北京：商务印书馆，2005.9.

［12］宋永培.〈说文〉汉字体系研究法［M］南宁：广西教育出版社，1999.8.

［13］苏宝荣.词义研究与辞书释义［M］北京：商务印书馆，2000.

［14］苏新春.汉语词义学［M］广州：广东教育出版社，1992.

［15］索绪尔著，高名凯译.普通语言学教程［M］北京：商务印书馆，1980.

［16］汪维辉.齐民要术词汇语法研究［M］上海：上海教育出版社，2007.8.

［17］王艾录，司富珍.汉语的语词理据［M］北京：商务印书馆，2001.

［18］王力.汉语史稿［M］北京：中华书局，1980.

［19］王政白.古汉语同义词辨析［M］安徽：黄山书社，1981.

［20］魏德胜.韩非子语言研究［M］北京：北京语言学院出版社，1995.

［21］武占坤，王勤.现代汉语词汇概要［M］呼和浩特：内蒙古人民出版社，1983.

［22］殷寄明.语源学概论［M］上海：上海教育出版社，2000.3.

［23］张博.汉语同族词的系统性与验证方法［M］北京：商务印书馆，2003.7.

［24］张志毅.词汇语义学［M］北京：商务印书馆，2002.

［25］赵克勤.古代汉语词汇学［M］北京：商务印书馆，2005.10.

3.论文类

［1］程志兵.齐民要术中所见词源举隅［J］.伊犁师院学报，1999（4）.

［2］池昌海.对汉语同义词研究重要分歧的再认识［J］.浙江大学学报，1999（1）.

［3］贺芳芳.齐民要术量词研究［D］.济南：山东大学文学院，2005.

［4］化振红.齐民要术农业词语扩散层次分析［M］.学术论坛，2006.2.

[5] 阚绪良.齐民要术词语札记[J].语言研究 2003（12）.

[6] 雷 华.古汉语同义词形成原因和途径[J],西南民族大学学报（哲学社会科学版）2007（5）.

[7] 雷 莉.《国语》单音节实词同义词研究[D].成都：四川大学文学院，2003.

[8] 李冬鸽.《庄子》单音节动词同义词研究[D].石家庄：河北师范大学文学院，2005.

[9] 李杰.《盐铁论》单音动词同义词研究[D].吉林：吉林大学文学院，2005.

[10] 李湘.《汉书》单音节动词同义词研究[D].湘潭：湘潭大学文学院，2006.

[11] 李小平.齐民要术数量表示法[J].重庆：重庆社会科学院，2007（7）.

[12] 刘志敬.《左传》单双音节同义动词的选择及原因考察[D].重庆：西南师范大学文学院，2005.

[13] 史光辉.齐民要术偏正复音词初探[J].广播电视大学学报（哲社版）1999（1）.

[14] 宿爱云.齐民要术农作物名物词研究[D].桂林：广西师范大学文学院，2005.

[15] 王云路.中古汉语词汇研究综述[J].古汉语研究，2003（2）.

[16] 徐正考.中古汉语专书词汇研究中同义关系的确定方法问题[J].吉林大学社会科学学报，2002（2）.

[17] 张 舸.齐民要术双音节词在汉语史上的承传[J].学人论坛 2005.6.

[18] 张生汉.关于古汉语同义词研究的一点看法[J],语言研究，2005（3）.

[19] 钟发远.《论语》动词研究[D].重庆：西南师范大学文学院，2003.

[20] 周 娟.《荀子》单音节动词同义词研究[D].成都：四川大学文学院，2005.

[21] 周文德.《孟子》单音节实词同义词研究[D].成都：四川大学文学院，2002.

[22] 化振红.从《齐民要术》看中古时期的农业词语[J].合肥师范学院学报.2009（1）.

[23] 刘义婧.《齐民要术》农业生产类动词研究[D].石家庄：河北师范大学，2007.

[24] 李润生.齐民要术"杷""劳"关系考——《齐民要术》"耕—杷—劳"耕作技

术体系申论［J］. 古今农业.2014（2）.

［25］孟祥浩.齐民要术所载传统旱作农业技术分析［J］.农业考古.2015（6）.

［26］何科.齐民要术同义词研究［D］.成都：四川师范大学，2012.

［27］程志兵.《齐民要术》新词新义简论［J］.伊犁师范学院学报.2005（4）.

［28］程志兵.《齐民要术》与汉语词汇史研究［J］.伊犁教育学院学报.2004（3）.

［29］李兰兰.颜氏家训单音节动词同义词研究［D］.乌鲁木齐：新疆大学，2009.

［30］李军.从《齐民要术》谈农业术语"耕作制度"的由来［J］. .2004（3）.

［31］汪维辉.六世纪汉语词汇的南北差异——以《齐民要术》与《周氏冥通记》为例［J］.中国语文.2007（2）.

［32］江绪文，王宝卿.《齐民要术》所载传统种业技术分析［J］.第九届中华农圣文化国际研讨会会议论文选.2018.

［33］潘志刚.论《齐民要术》新生复合词中的同义词［J］.西南石油大学学报（社会科学版）.2018（2）.

［34］阳盼.《齐民要术》度量衡量词及其演变研究［D］.长沙：湖南理工学院，2017.

［35］郭象相.《齐民要术》复音词研究［D］.沈阳：辽宁师范大学，2007.

［36］张舸.《齐民要术》双音节词在汉语史中的承传［J］.社会科学辑刊，2005（11）.

［37］史光辉.《齐民要术》偏正式复音词初探［J］.广播电视大学学报（哲学社会科学版），1999（1）.

［38］陈明，柴福珍，张法瑞.从《齐民要术》中的农谚看北魏农业文明［J］.农业考古，2005（11）.

［39］夏侯轩，谭红.《齐民要术》单音节动词同义词所构建的语义系统［J］.钦州学院学报.2009（1）.

［40］高山.《齐民要术》单音节动词同义词研究的几个特点［J］.红河学院学报.2009（6）.

［41］李铭娜.《吕氏春秋》动词研究［D］.吉林：吉林大学2012.

附　录

一、二组同义词义场分布情况图表

1.耨、耘（芸）、芟、劚、锄（除草）；

"耨"在《要术》中用了 8 次，有 4 次是引用它书。《周书》《纂文》各 1 次，《释名》2 例，2 次是唐代颜师古的注，1 例在《杂说》。剩下的 1 例为"除草"义。

"耘"在《要术》中用了 5 次，引魏文侯的话 1 次，汉书 2 次，1 例名词，1 例为动词"除草"义。

"芸"在《要术》中用了 16 次，《管子》《庄子》《诗经》各 1 例，高诱、颜师古注各 1 例，有复音名词 7 例，3 例单用作名词。1 例作动词"除草"：

"芟"在《要术》中用了 19 次，引用 7 次，名词 2 例，有 1 个是复音词"芟钩"，其他的几例主要构成 3 个动词义项："治理"义 3 次，"除草"义 5 次，

"锄"在《要术》中用了 115 次，名词 19 次，引用 21 次，杂说 17，颜师古注 2 次。主要有 3 个义项："用锄松土"义 11 次，"挖"义 3 次，"用锄除草"义 32 次。

另有一个"劚"。"劚"在《要术》中用了 14 次，动词表"除草"义 4 次。

其他在"除草"义项目相关的于用其他农具除草的情况。"划"可做除草

工具，"锋""耩"也是除草的手段，另外，"杀"也可表除草。①

	除草义（次）		除草义（次）
耨	1	划	2 次
耘（芸）	2	锋	2 次
芟	5	耩	1 次
劚	4	杀	4 次
锄	32		

"除草"义同义义场同义关系环形分布图

2. 芟、拔、薅（拔草）

"芟"在《要术》中用了 19 次，《尔雅》1 例，其他 18 例中，17 例为名词，1 例为动词"拔草"义。

"薅"在《要术》中用了 8 次，其中 1 次引用《淮南子》。有 2 个动词义项；泛指"拔起"义 4 次，专门指"拔除杂草"义 4 次。

"拔"在《要术》中用了 34 次，其中 31 次表示"拔起"义（特指拔草 6次），其中引用 4 例。表"过滤"义 3 次。

	拔草义（次）
芟	1
薅	4
拔	6

"拔草"义同义义场同义关系环形分布图

通过对某组同义词各成员在绝对数量上的对比，可以再现《要术》时代某个词义的在语境义和稳定义项上的竞争和共存状态。如果能系联更多的专书和其他语言材料，则能反映在一定的时限内某个义项的发展变化过程。当

① 划、锋、耩、杀均为语境义，能否构成独立的义项上待进一步文献的佐证。但在附录的同义义场里，我们暂将其也列入其中。

然绝对数量，也并不能完全说明其在语法、语用甚至语义上的复杂性，需要进一步的具体分析。在书末附上同义词组成员的同义关系在语义上的分布图，只是为了更直观体现其在绝对数量上的关系，实际上同义词组的关系要比这个复杂得多。但是如果能够引入一些形式化的图表，甚至从原来的定性研究加入和应用一些定量研究（特别是数学动态建模），也许能更好、更直观地表现出同义词研究中，同一词义不同词共存时的复杂的关系。以至于构拟出某一词义在一个时代动态存在的情况，或者更进一步表现出某专书的核心语义状态。

二、《齐民要术》单音节动词同义词研究的几个问题的补充

（一）同义词的构组和辨析方法

同义词构组我们确定以一个"义项"相同为基本标准和要求。对于"义项"的理解和把握。百度百科对"义项"的定义：词语的一个"意义"，属于词典学的概念，词的稳定的意义单位。其下位概念是"义位"，即词在特定语言环境下呈现出来的语境义，多个具有同源关系的"义位"，且具有一定的稳定性，可以归纳成一个"义项"。这就需要上挂下联，才能确认该词的"义项"。

对于《齐民要术》单音节动词同义词的构组，我们分为三步来完成。第一，初步构组。我们采取的方法是先对《要术》全文进行词的切分，析出所有的词，包括分出单音节词和多音节词，并对每个切分出来的词的词性予以确定（方法主要是语法层面看其句法和词法关系）。然后对析出的大约 900 多个单音节动词进行初步的词义标注①（这里的词义主要是依据对原著的理解，

---

① 其实首先同一个字，标为一个词，然后根据该词的义项分别构组。

标出其语境义），根据初步的词义标注结果进行构组。[①] 第二，构组后的校对和补遗。根据每一组同义词的构组情况，重新回到《要术》原文中进行词义检验，并根据检验结果查漏补缺、删除不合适构组的成员等。一般来说同一种劳动环境，同义词（同一劳动动作）同时出现或轮换出现的现象比较多。再者就是排除异体字、复音词还是同义连用等等。第三，确认构组关系。对构组的同义词的成员审核其语境义是否能够确认为稳定的"义项"，首先借助《汉语大词典》和《康熙字典》所收的"义项"进行比对；其次，如果遇见在这两部辞书中没有出现的"义项"，则需要进一步回到《要术》中看其是否属于孤例或者重新确定其语境义的归纳是否准确。如果属于孤例在有条件的情况下，应该在同时期其他语料中找到佐证。（可惜由于时间问题我们这方面的工作做得远远不够）。而一些专业农业术语则通过其他的资料来帮助判断。最后，确定构组关系。主要是对"义项"相同的把握，对每一组存在词典义项和专书语境义存在冲突的进行最终确定，《要术》作为农业类专书，对词义的区分比较细，所以在难以把握是否确定为稳定的"义项"时，我们往往把其语境义尽可能地保留了下来或者归于上位义。[②]

同义词的辨析，我们在本书的开头部分就明确从语义、语法和语用三个方面对同义词的"异"进行辨析（见下图）。语义层面主要是从动作支配对象、动作本身、动作的状态和程度等三个方面来分析该动词在同义义场的使用范围。语法则从词法和句法两个层面来加以区别，语用主要从词语出现的

---

① 为了防止出现构组混乱，我们先将单音节词分出几个大类，如种植农业（这是《要术》主要单音节词的大类、又可以从中分成几个小类）、农产品加工制作类、养殖类、农副产品类及其他类等。尽量在每一类中进行构组，有些专用词和通用词会出现跨类成组的现象，则在第二步中予以考虑修正。

② 上位义的归入，在主观上可以避免因为对科技类专书的语境义把握上存在困难而无法归纳入组的情况，从而一定程度上保留《要术》的同义词研究的丰富性也符合"立义从细、构组从宽"的原则；但这样客观上造成了构组存在一定的混乱，使得一些不该入组的词入组了。

频次和情感语体色彩上加以区别。

辨析层面	辨析对象	辨析点		
语义	物品	内质、形体、用途、部位	侧重、原因	范围
	动作	方式、速度、对象、施事		
	性状	程度		
语法	句法	单独作句子成分，作什么成分，搭配关系		
	词法	构词能力		
语用	色彩	感情色彩		
	语体	方言、书面语、口语		

但在实际的操作过程中，对于 22 组同义词的辨析缺很难比较完整清晰地将这些规则贯彻下去。第一，有些同义词组的成员较多，如果将其一一做区分很难理清楚期间的主要差异，而且其差异所得主要要依据《要术》原文，才好通过比较得出。特别是有些用例较少的成员，其"异"难以在少数的几个语境中发现，以至于有时候不得不依据词典来推导和确定其差异。一般来说在语义这一块，我们从字源着手依靠《说文解字》，结合《康熙字典》对其本义和后来的引申等义的关系进行考察，结合具体在《要术》中的用例，找出其异于同组词语的主要特点。第二，我们将词的结合能力和搭配能力统一归至语法的词法和句法层面，特别是动作支配对象。对于动词在句子中所处的位置和跟其他成分的关系的辨析相对关注得较少，因为大多数情况下，同一种动词较活跃和复杂的语法关系在词频上已经得到体现。（且一般能单独做谓语、接宾语、状语和补语）。词法层面由于只研究单音节词，所以在动词的构词能力方面，除了讨论其同义连用之外很少触及。第三，语用层面的辨析，我们一般仅仅限于词频的多寡，对于其感情色彩的差异很少有用例触及，而语体色彩由于缺乏更多的证据，除了标记出为引用专书的情况（如专书南方的语体）外，对口语和书面语的区别，也不能提供出可靠的证据，所以一概

没有提及。

　　总体来说，本书的辨析，在语义上强调其在某个方面的差异（如程度、方式等）并依此举例说明。虽然有一定的主观随意性存在，但比较容易对整组同义词做出宏观上的区分。另外，辨析注意在成员结合能力和搭配上活跃度上展开，特别是《要术》时代同义义场核心词汇强大的句法和词法功能。但对其在句子成分和成分之间关系的辨析很少，对其作为动词语法核心功能的认识较浅（主要考虑到其作为农业类专书农业动作支配能力的丰富性的展开价值）。在语用上的辨析则基本上处于空白状态。以上种种，实属辨析存在的不尽人意，希望以后能进一步加强。

（二）关于以成组同义词为单位进行语义系联的思考

　　专书同义词组构成的义场主要是同一个"语义"（一般表述为"义项"）在一本专书或者这个时代的使用（动态）和存在（静态）的状态。二个或者多个词共同承担该语义的不同功能，在不同的语境中互补存在并呈现一定的竞争关系。同义义场内部的成员数量越多，说明该专书语言系统的这个语义越发达。像《齐民要术》的农业类动词就相对比较丰富，同义关系之间的区分也比较细致。词层面的活跃不仅仅体现在组内同一语义的细腻，也能从各组同义词之间的关系这种更宏观的视野下，即在专书语义的系统性中得到印证。单个封闭语言环境中词的多少及词与词之间的关系都是该语言系统存在状态的重要指标。一般来说，绝对词的数量越多语言描写越准确，而词与词之间的关系（如同义关系）越密切则词语之间的竞争关系越激烈，语言发展变化的可能性越大。旧词因为经济原则可能很快被新词所替代，或者旧词之间出现语义或语法、语用空隙会产生更多的新词。

　　在《齐民要术》单音节动词同义词研究里，设有依据同义义场之间的关系而系联成的语义体系，可以通过同义词组的系联反映《要术》专书中"种植业"语义内部的某些"重点"语义的存在状况。这里说的重点包含 2 层意思，一是使用频率高（当然高频词未必就存在于同义词组内，但同义词组特别是成员较多的同义词组，一般包含该时期的核心词汇）。高频词与其他相对低频词，构成的语义竞争关系，从而共同推动词汇的更迭。二是在表达某种"意义"时"词"的高密集度。同一"意义"需要更多的词来承担，那么什么"词义"承担的成员多，什么"词义"承担的成员少；以及在多组相近"词义"（具有一定的联系和相关性）的同义词词组之间，区分各组同义词义项语义关系的亲疏，都可以为更进一步描写《要术》的语义系统提供一个参考。如本书中通过各同义词组"语义"的平行关系、辐射关系和交差重合关系，来反映《要术》"种植义集合"中相对活泼的语义关系的存在状态和相互关系。通过层级性、离散分布的同义词词组，也可以发现系统性的语义关系下词义的系统性构建并不是均衡的。当然，这种人为的语义构建存在一些缺陷。首先通过一部分词来构建整个语义系统，其典型性值得存疑。虽然同义词组能说明词的丰富和某些语义的活跃，但对于整个语义系统来说这只是其中一个方面。只是说在《要术》这种科技类专书中，表农业类动作相对发达、词义区分较细、同义词较多，而通过对同义词组的系联说明的问题还是有限的。①其次只有词义的分类做了简单的罗列，没有展现出各组同义词之间的关系和同义词组内各词存在的频率、语义承担等方面的情况。再次一些通用类动词基本没有出现，影响了对《要术》种植义关系的表现，由于缺乏这一类动词，通用动词和专用动词之间的关系也无法挖掘出来。总之，对于同义词组在语义上的系联，仅仅为了表现《要术》单音节动词同义词的丰富性和严密性，不但入组成员较多而且各组之间也能基本体现专书语义的系统性。

---

① 本书中的同义词组构成的语义系统主要说明《要术》语言的系统性，即便是在同义词层面也可以得到体现，至于反映语言系统的其他方面则比较困难。

后　记

　　《齐民要术》是中古时期的重要农学著作，保存了比较完整丰富的中古语料，通过它可以反映中古汉语存在的一定面貌，对于语言学研究也具有一定的价值。当然，其也存在大量文献引用的情况，这需要比较慎重地区分对待，但这并不妨碍其成为重要的中古语料。

　　同义词研究便于反映词在一定时期存在的状态（特别是展示语义场分工），属于专书研究的重要部分。单音节动词是《齐民要术》中比较活跃的一部分词，农业科技类的语言环境，赋予了动词特殊的活力。在贾思勰时代单音节仍处于优势地位，但双音节词已经大量出现，并在一定范围（特别是同义词领域，出现一些同义连用、偏正补充限制的情况）跟单音节形成竞争态势。单独将单音节词作为研究对象，在一定程度上将双音节词排除出同义词构组，对于完整反映《齐民要术》的语言面貌存有遗憾。

　　同义词义位的确立和构组的形成，在农业类专书研究里也存在诸多困难。手上掌握的资料过少，对于专业义和通用义的处理方法上也存在缺陷。引用的"立义从细、构组从宽"原则在操作层面上也不易实现，一些词的入组问题没有在实践层面上做出科学、合理的处理。特别是上位义和下位义的处理上，常常在构组的时候受个人主观原因的影响比较多。

　　《齐民要术》单音节动词同义词研究，是在我毕业学位论文的基础上整理而成的。主要是增设了13组同义词进行辨析，主要从语义和语法语用上加以区分。通过对字源和具体言语环境以及同时期一些专书语言的对照，将同义词的同与异加以揭示。但工作做得还不够细致，特别是语法和语用上的辨析相对比较浅薄。

写完后，终于长长舒了一口气。首先我应该感谢我的导师廖扬敏先生。多年前，有幸能师从廖老师学习古代汉语，导师不仅学识渊博，态度严谨，为人更是我们学习的榜样。我是从学习文学转到汉语的，基础十分之差，是老师为我作出了一步步详细的学习计划，从头补习语言学理论的。至今还记得刚入学时候，她手把手教导我的点点滴滴。我本应该好好学习她那严谨治学的精神，并报之以实际的成果，却因为自己的懒散，没能达到老师的要求。辜负了老师的期望，这是我求学过程中最大的遗憾。2011年我进入广西警察学院以来，多从事管理服务性质的工作，专业上也因为在公安院校进行教学和科研的原因渐渐转至文化学和传播学，对原本自己学习的专业语言学的关注和研究少了。这是我很为不安的地方。

求学期间，我也有幸得到了其他老师的帮助。感谢卞成林、伍和忠、陆云、沈祥和等诸位老师对我一直以来的关切与鼓励，在此一并致以诚挚的谢意。同时，书稿写作过程中，师兄车录彬，师妹谭红、李娜给我提供了不少有用的资料，没有他们的帮助，我很难完成。最后，我也希望这部书稿的完成对我而言意味着一次新的开始，我将在新的征途中继续努力。

高 山

二〇一八年十月十日

附 硕士期间公开发表的论文

［1］高山，谭红.新闻真实性的语言构拟［J］，西南交通大学学报，2008（1）.

［2］高山，谭红.小议逻辑型矛盾复合词的义素脱落［J］，红河学院学报，2007（6）.

［3］高山，谭红.祁东县东区话中助词"格"的语法功能［J］，广西教育学院学报，2007（5）.

［4］高山，谭红.论"吃了一＋'量词'＋骨头"结构中动词与后接名词的语义关系［J］，广西大学学报（增刊），2007第29卷.

［5］谭红，高山.论郭黄爱情含蕴的文化优根性——延绵韧性［J］，吉林省教育学院学报，2007（9）.

［6］张敏，高山.论班会活动中话轮的控制［J］，云梦学刊（增刊），2007第27卷.